养殖致富攻略·一线专家答疑丛书

高产母猪饲养技术有问必答

庞卫军　主编

U0239189

中国农业出版社

作者简介

　　庞卫军，男，九三学社社员，博士，教授，博士生导师。2007年入选西北农林科技大学"青年学术骨干支持计划"；2008年为西北农林科技大学"科技工作先进个人"；2007年、2011年、2013年和2015年为动物科技学院"优秀教师"；2011年被陕西省农业厅聘为"生猪产业技术体系育种岗位专家"。2010.2—2011.2在美国贝勒医学院〔Baylor College of Medicine〕做访问学者，从事动物脂肪沉积领域的研究。现主持国家自然基金、973计划项目子课题和陕西省自然基金等多项国家及省部级课题，围绕肌肉生物学与猪遗传改良开展科研工作，获得陕西省科学技术二等奖1项，杨凌示范区科学技术一等奖2项。

编写人员

主　　编　庞卫军

编写人员　庞卫军　王　健

　　　　　　刘兆军　谢景兴

　　　　　　梅军四　刘　斌

　　　　　　于太永　褚瑰燕

审　　稿　杨公社　孙世铎

本书有关用药的声明

随着兽医科学研究的发展、临床经验的积累及知识的不断更新，治疗方法及用药也必须或有必要做相应的调整。建议读者在使用每一种药物之前，参阅厂家提供的产品说明书以确认推荐的药物用量、用药方法、所需用药的时间及禁忌等，并遵守用药安全注意事项。执业兽医有责任根据经验和对患病动物的了解决定用药量及选择最佳治疗方案。出版社和作者对动物治疗中所发生的损失或损害，不承担任何责任。

中国农业出版社

　　《高产母猪饲养技术有问必答》一书，主要是为适应我国社会主义新农村养猪发展的迫切需要而编写的。本书从后备母猪健康饲养、妊娠母猪健康饲养、哺乳母猪健康饲养、断奶母猪健康饲养和空怀待配母猪健康饲养五个方面介绍高产母猪生产实用技术、发展趋势和经验，提出合理的饲养管理方式，用以提高母猪的生产水平和经济效益，特别对养猪场（户）提高母猪的繁殖效率具有重要的指导意义。全书内容丰富，叙述简明，文字通俗易懂，方法具体，技术和经验易学、易做、实用，容易为读者所理解和采用，可作为一本高产母猪健康饲养技术参考书，供养猪场饲养员、乡村干部和基层农技员阅读。

　　由于编者水平有限，书中存在某些不足或错误之处，承蒙各位读者不吝赐教，不胜感激！

　　在此，特别感谢西北农林科技大学杨公社教授和孙世铎教授在繁忙的工作中抽出宝贵时间审阅本书。

编　者

目 录

一、后备母猪的健康饲养

后备母猪是指仔猪育成期结束到初次配种的青年母猪。后备母猪的选留应根据养猪场种猪生产育种的目标和标准进行。

1. 后备母猪的选择要点有哪些?

(1) 体型外貌　在选择后备母猪时,有三个方面应特别注意,即乳房、生殖器和骨骼发育状况。至少有六对以上发育良好的乳头,即没有无效乳头、瞎乳头和翻乳头,并且乳头排列匀称,其中至少三对应在脐部以前。生殖器官发育良好,阴门没有畸形。体型良好,四肢正常。四肢间左右跨度较宽,背腰长而平直,头部较小,肋部较为开张。生产中因肢、蹄、趾问题而导致母猪淘汰的比例较高,占母猪淘汰总数的 10%～15%,尤其第一胎因肢、蹄、趾问题而导致淘汰的母猪所占比例更高。因此,外观为八字腿、蹄裂、鸽趾和鹅步的猪不能留作后备母猪,而要选足垫着地面积大且有弹性的猪,这样的猪容易起卧,走路灵便。趾要大且均匀度好,两趾的大小相差 1.5 厘米或以上时不适合选留作为后备母猪。两趾大小不一致或趾与趾间缝隙过小时,随母猪年龄的增长会加大患蹄裂的风险和足垫的损伤,两趾要很好地往两边分开,以便更好地承担体重。另外,后备猪被毛要有光泽,无卷毛、散毛、皮垢,四肢健壮,后臀丰满。

(2) 繁殖力　繁殖性状是种猪最为重要的性状。后备种猪在 6～8 月龄时配种,要求发情明显,易受孕。选留的后备母猪应来自产活仔数 10 头以上、哺乳能力强,其平均 35 日龄或 28 日龄仔猪断奶头重分别在 7.5 千克和 6.5 千克以上、无任何遗传疾病的家系。阴户小的母猪,表明产道停留在发育前的状态,这种母猪不宜留种。选留的后备母猪要外阴部发育良好且下垂,对以后配种、分娩有利。

(3) 发育性状 后备母猪本身生长发育性状或全同胞的育肥性状，均是选择的依据。

①生长速度：一般用仔猪断乳至上市期间体重的平均日增重表示：

$$平均日增重＝（结束重－起始重）/育肥天数$$

也可用体重达到 100 千克的日龄作为生长速度的指标，或用达到一定日龄时的体重作为选择的指标。

②饲料转化率：也称耗料增重比或增重耗料比，常用性能测定期间每单位增重所需的饲料来表示：

$$饲料转化率＝育肥期饲料消耗量/（结束重－起始重）$$

③日采食量：用平均日采食饲料量表示，可反映猪的食欲好坏：

$$日采食量＝饲料消耗量/饲养天数$$

(4) 胴体性状 对于后备猪只能在 6 月龄时用仪器测量背膘厚度和眼肌面积，胴体品质是通过屠宰期全同胞测定资料来获得，后备猪应选自品质良好的家系，胴体品质好的品系所繁育的后代，以达到商品猪整齐度好、一致性强、杂种优势突出。选择生长快，中大猪日增重 0.65 千克以上，饲料利用率高、料重比 3.1 以下，瘦肉率超过 60％的家系后代。

2. 应在什么时期进行后备猪选种？

(1) 2 月龄选择 2 月龄选择是窝选，就是在双亲性能优良、窝产仔猪数多、哺育率高、断乳体重大而均匀、同窝仔猪无遗传疾患的一窝仔猪中选择。2 月龄选择时由于猪的体重小，容易发生选择错误，所以选留数目较多，一般为需要量的 2～3 倍。

(2) 4 月龄选择 主要是淘汰那些生长发育不良、体质差、体型外貌及外生殖器有缺陷的个体。这一阶段淘汰的比例较小。

(3) 6 月龄选择 根据 6 月龄时后备母猪自身的生长发育状况，以及同胞的生长发育及胴体性状的测定成绩进行选择。淘汰那些本身发育差、体型外貌差的个体以及同胞测定成绩差的个体。

(4) 初配时的选择 是后备母猪的最后一次选择。淘汰那些性欲

低下、发情周期不规律、发情征候不明显以及长期不发情的个体。

3. 引入后备母猪后基本的管理工作有哪些？

（1）卸猪与定位　运猪车进场后用刺激性小的消毒药带猪消毒。卸猪时动作要轻。卸猪后要根据体重、品种、性别等合理分群，合理减小饲养密度。

面对新的环境，猪的吃、喝、拉、睡要重新定位。定位方法：全天专人看管，3 天以后逐渐建立起新的生活习惯。

（2）隔离与饲养

①新进种猪要放在消毒过的隔离猪舍内，暂时不得与本场猪只接触，一般隔离 30～45 天。

②专人饲养，避免交叉感染。

③饲养过程中要把体弱的、有病的、打架的猪只隔离并特殊护理。

④卸猪后要让猪只充分休息，自由饮水（水中加补液盐）。12 小时后开始给料，饲料量为正常的 1/3，3～5 天内逐渐恢复正常喂料量。

（3）保健与消毒

①新引进种猪，饲料中应添加适量的抗生素和电解多维，连用 5～7 天。

②对新引进的种猪坚持规范消毒，一般包括进场时车辆消毒和日常消毒（带猪消毒一般用刺激性小、无腐蚀的消毒药，如氯制剂、百毒杀、1210、威宝、碘制剂等）。连续消毒 2 周。以后各种消毒药交替使用，每周消毒 3 次。

③对新进种猪在接种疫苗后开始驱虫。一般用阿维菌素粉剂拌料饲喂 1 周即可。

4. 新引进后备母猪隔离饲养期间应注意什么？

（1）刚引进的后备母猪应在隔离舍进行严格的隔离检查，采用"全进全出"的隔离饲养管理方式。隔离舍距原有猪群至少 100 米。

距离远更有利于减少潜在病原通过空气传播的危险。如果无法完全隔离种猪，应把它们饲养在干净、消毒过的空栏内，并尽量远离原有猪群。

(2) 隔离饲养观察的时间 引进猪的隔离期约 6 周（至少 40 天），若能周转开，最好饲养到配种前 1 个月，这会减少未知病原侵入的危险。因为每只猪都可能是一个病原菌和病毒的携带者，当猪只处于应激状态时就可能发生疾病。不同猪群病原的种类和数量有所不同，每个猪群的免疫水平或保护性抗体的滴度也各不相同。要尽可能减少刚引进后备母猪的应激，因为应激会使猪只抵抗疾病的能力下降。种猪引入的前 2 周应激反应最大，为避免任何形式的交叉感染，必须在饲料或饮水中添加抗菌药物。

(3) 为避免种猪不适应新环境而患病，除加强管理，在引进种猪饲料或饮水中添加适量抗生素外，还应与原有猪群采取相同的免疫程序进行免疫。按进猪日龄，分批次做好免疫计划、限饲优饲计划、驱虫计划并认真实施。后备母猪配种前进行乙型脑炎、细小病毒病、伪狂犬病、猪瘟、口蹄疫等疫苗的注射，后备母猪配种前驱虫 1 次。

5. 引进和培育后备母猪应注意哪些问题？

(1) 稳定的后备母猪群是一个猪场猪群规模稳定的关键。引种前应考查引种场近年来的品种更新情况。一个猪场的生产水平的发挥，依赖于上一级种猪场的种猪生产性能。养殖户应根据自己猪场的实际情况制定科学的引种计划，包括品种、种猪级别（如原种、祖代、父母代）数量等，要选择能够提供健康、性能优良种猪的大型种猪场或者公司引种。

(2) 新猪只的引入，猪与猪之间的接触，是猪病传播的主要途径之一。根据可能带来的风险，引种前应考查引种场猪只的健康状况。若对引进种猪的健康状况了解不清，可能会影响猪场的后续生产。因此，除了提倡种源单一外，还提倡减少引种的次数。若棚舍条件允许，两年一次引进足量的后备种猪。规模大、管理好的企业，可考虑引进祖代种猪，自己培育父母代种猪，减少引种带来的风险。

（3）引进后备种猪后，首先要隔离6周。隔离的目的是保护猪场原有猪群不受新引进猪群的影响。隔离应在独立的区域进行。理想的隔离舍在场外。若没条件，隔离舍可设在场内，理想的场内隔离舍应有淋浴间。若没有淋浴间，进出口应设消毒洗手、换衣换鞋处，工具与原场不交叉使用。运输会产生应激，使后备猪抵抗力下降，到达后应加药饮水。一般添加400毫克/千克的土霉素或金霉素。是否引进的后备种猪一到达就注射疫苗，应根据猪场所在地的疫情、种猪日龄、引种场种猪出售前的免疫情况确定。一般建议种猪到达后3日内接种疫苗，在15日后注射疫苗。

（4）后备种猪隔离阶段完成后，进入适应阶段。适应期为60～120天。适应的目的是建立一致的免疫水平。在适应期应有计划地、限制性地让引进猪只接触原来猪群的微生物。可用淘汰公猪、保育猪、母猪的胎衣让引进猪只逐步适应。集中接触，可能引起疾病的暴发。在适应期，可以考虑加药，但主要是接种疫苗。在适应期，后备猪在配种前除了接种国家强制免疫的疫苗外，还应注射猪细小病毒病、伪狂犬病、乙型脑炎等；猪细小病毒病应在180日龄后免疫，乙型脑炎应常年免疫。

（5）后备母猪对很多疾病的免疫力还不足，所以引进的后备种猪必须经过隔离-适应阶段，因此引进的后备种猪的年龄和体重要尽可能的小，一般体重不超过50千克。购买50千克左右的后备母猪的好处是距配种的时间很长，有足够的时间进行隔离-适应，主动免疫可得到保证。

（6）**后备母猪分阶段培育**　140日龄以前，按生长育肥猪饲养；140日龄以后，按后备母猪饲养，饲料可用哺乳料替代。后备母猪的初情期一般在165日龄，有效刺激发情的方法是定期与成年公猪接触，每次20分钟。注意要经常更换诱情的公猪，以保持母猪的兴趣。诱情的优点是较多的后备母猪较早地进入初情期，使较多的后备母猪可在第三情期受配。

（7）**配种时后备母猪的指标是**　年龄超过210日龄，体重超过130千克，背膘16毫米（腰荐处最低的，对等为2.5～3.0分），2～

3 个发情周期，体格合适。后备母猪在免疫时应建立棚头卡，以记载免疫次数和发情次数。

(8) 为了达到初配目标，后备母猪在体重 50～100 千克时应自由采食。到 100 千克时每天饲喂不少于 3 千克的饲料。在配种前 14 天饲料增加至 3.50～3.75 千克，通过采食量来控制排卵量。为便于饲喂，应将初情后的后备母猪移至限位栏饲喂。

(9) 培育后备母猪的重要性 后备母猪能补足空栏，保证均衡生产。在母猪配种群中，应含 80% 的断奶母猪、10%～15% 的后备母猪和 10%～15% 的返情母猪。若计划后备母猪 210 日龄配种，购入的后备母猪为 100 日龄，则在 110 天后开始配种。所以在引种时要计划采购合理日龄的后备母猪来补充生产空缺。

(10) 猪的改良方向由市场决定 选择公猪的重点是背膘薄、生长快、有效的饲料转化和良好的结实度。选择后备母猪主要是选择母性好、高产仔数和断奶重、温驯易管理、身体结实。后备母猪最少须有 12 个乳头，有瞎乳头、翻转乳头或其他畸形的，应当予以淘汰。

6. 如何满足后备母猪的营养需求？

(1) 后备母猪总的要求是 8～10 月龄、体重达 90 千克以上。一般按体重达 20 千克初选后，分三期完成，第一期 20～35 千克，第二期 35～60 千克，第三期 60～90 千克。日增重均控制在 400 克左右。

①第一期（体重 20～35 千克）：37 天，平均每天投喂 1.26 千克料，共耗料 46.62 千克。配方为每千克饲料含消化能 12 600 焦耳、粗蛋白 16%，具体组成为玉米 50%、粗糠 5%、麦麸 24%、豆饼 8%、菜饼 5%、鱼粉 5%、磷酸氢钙 2%、盐 0.5%、微量元素（畜禽生长素）及多维添加剂 0.5%。

②第二期（体重 35～60 千克）：62.5 天，平均每天平均投喂 1.8 千克料，其耗料 112.5 千克。配方为每千克饲料含消化能 12 482.4 焦耳、粗蛋白 14% 以上，具体组成为玉米 50%、麦麸 24%、粗糠 8%、豆饼 8%、菜饼 7%、磷酸氢钙 2%、盐 0.5%、微量元素（畜

禽生长素）及多维 0.5%。

③第三期（体重 60～90 千克）：75 天，平均每天投喂 2.1 千克料，共耗料 157.5 千克。配方为每千克饲料含消化能 12 255.6 焦耳、粗蛋白 13%，具体组成为玉米 50%、麦麸 24%、粗糠 10%、豆饼 5%、菜饼 8%、磷酸氢钙 2%、盐 0.5%、微量元素（畜禽生长素）及多维 0.5%。

（2）具体喂法

①第一期开始每天喂料 1.13 千克，每 5 天增加一次，增加量 0.03 千克/天。每天按 1∶1 供给青料，供给清洁饮水。

②第二期开始每天喂料 1.47 千克，每 5 天增加一次，增加量 0.053 千克/天，青料、饮水供给同①。

③第三期开始每天喂料 1.86 千克，每 5 天增加一次，增加量 0.032 千克/天，青料、饮水供给同①。

7. 如何对后备母猪进行管理？

（1）观察猪群 要定期观察猪群的营养状况、精神面貌、粪便、尿色、有无咳嗽、皮肤颜色、采食情况、猪舍温度、气味等。

（2）分群 转群后一般按品种、体重、性别、体质、用途进行分群，分群后没有特殊情况不得调栏。如出现病弱猪，可以隔离饲养。不得与有性欲的公猪重新组圈。特殊情况单栏饲养。

（3）调教 从幼猪开始利用称重、喂食之便进行口令和触摸等亲和训练，使猪愿意接近人，以便于以后采精、配种、接产、哺乳等操作，对猪的耳根、腹侧、乳房进行触摸训练，可方便管理、疫苗注射等，并可促进乳房发育。

（4）定位 做好猪只吃、喝、拉、睡的定位。做好定位的益处是舍内环境好、卫生容易清理、饲料不被污染、终末清理彻底等。

（5）称重 后备猪最好按月龄进行个体称重。任何品种的猪都有一定的生长规律，依据称重结果可调节饲料的营养水平，使之达到品种的发育要求。

（6）运动 为促进后备猪骨骼健壮、体质健康、四肢灵活，要有适度的运动。

（7）饲喂方式 可以由干粉料向湿拌料的方向过渡。一般 80 千克以前为自由采食阶段，80 千克以后转到待配舍以湿拌料饲喂，并通过控制饲喂量适当调整膘情，一般喂量为 2.5～3 千克/天。膘情控制八成膘为理想膘情。

（8）环境控制 北方的冬天一定要处理好保温与通风的矛盾，因为这个矛盾常诱发呼吸道疾病；夏天要注意防暑降温，为此可以加一些基本设施，如风机、水帘、暖风、暖气等用来防暑和保温。温度是环境气候的组成部分，对生产力有很大影响。后备母猪饲喂在水泥地面时的最低临界温度是 14℃，最适温度为 18℃。后备母猪在集约化条件下所需通风为最低 16 米^3/小时，最高为 100 米^3/小时。白天室内光照无论自然光或人工光都应以让猪能看清楚为准。在配种间，能够很清楚地观察发情即可，实际生产中光照强度 50 勒克斯即能满足要求。应尽可能地用日光，当需要时才用人工光照，光照时间为每天 16 小时，不足部分可通过人工光照补充。

（9）诱导发情 影响母猪初情期的因素有品种、环境、光照、应激。诱情的最好方法是接触公猪，将母猪赶入公猪栏内，每次 20 分钟，连续 1 周。开始诱情母猪日龄一般在 150 天，体重 90 千克以上。此外放牧、调栏、增加光照等，都会起到诱情作用。目前激素疗法在规模化猪场用得很多，一般采用孕马血清＋人绒毛膜促性腺激素（PMSG＋HCG）。

8. 后备母猪在配种前应注意些什么？

后备母猪在配种前主要注意以下几个方面。

（1）膘情控制和公猪诱导 后备母猪在 60 千克前应让其充分发育，60 千克后到配种前半个月要适当限制饲养以防止过肥，每次喂料约 1 千克，日喂 2 次。后备母猪可使用生长育肥猪饲料。后备母猪长到 160 日龄时，最好每天将母猪赶入成年公猪栏接触 35 分钟。成年公猪下颌腺分泌的性外激素有助于诱导小母猪发情。

（2）短期优饲 在后备母猪配种前 14 天可加强饲养。实行自由采食，这样母猪可多排约 2.5 个卵，这对于提高初产母猪的窝产仔数有重要的作用。

（3）母猪至少 2 次发情时配种　小母猪的排卵数与情期数有关。初情期母猪配种由于排卵数低而导致窝产仔数低，其产仔性能直接对全群产生较大的影响。公猪诱导使其提早发情的重要目的在于使其在配种前多几个情期。有的养猪场对所配小母猪的情期数无记载，这是一种不正确的操作方法。

（4）单配、复配和双重配　配种的最佳时间应在发情母猪允许公猪爬跨后的 10～26 小时。单配指在母猪发情中，只用公猪交配 1 次。这样虽然可减少饲养公猪的头数，但由于难以掌握母猪的最适配种时间，所以单配有可能降低受胎率和减少窝产仔数。复配指在一个发情期中，用同 1 头公猪配 2 次，间隔时间为 8～12 小时。生产实践中也常用同品种的不同公猪间隔时间配 2 次。这种方法可使母猪生殖道内经常有活力较强的精子存在，增加卵子受精的机会，从而提高母猪的产仔数。双重配是指在一个发情期内，用 2 头同品种或不同品种的公猪在较短的时间间隔内（10～15 分钟）与同一母猪配 2 次。此法可促进卵子加速成熟，缩短排卵时间，增加排卵数。但由于此法两次配种间隔时间短，常会产生与单配相似的缺点。

关于配种最佳时间的掌握，有四句谚语可供参考：①阴户沾草，输精正好；②神情发呆，输精受胎；③站立不动，正好配种；④黏液变稠，正是火候。

9. 如何做好后备母猪的免疫工作？

目前已知的市售猪用疫（菌）苗有近 20 种，如何制定免疫程序，以期更好地防控疫病是养猪生产者的难题。总体原则是根据本地区的疫病流行情况，结合抗体监测水平确定免疫种类、时间和剂量。应纠正免疫种类越多、猪群就越安全的错误思想。特别是当前猪群免疫抑制性疾病很多，注射疫苗不一定就能保证猪只绝对安全，要靠综合措施加以控制。免疫程序表 1 可供参考。

表 1　母猪免疫程序

疫苗类别	一免	二免	母猪配种前 30～40 天
喘气病疫苗	10 日龄 2 毫升	70 日龄 2 毫升	2 毫升
伪狂犬病灭活疫苗		70 日龄 2 毫升	2 毫升
口蹄疫灭活疫苗	40 日龄 1 毫升	70 日龄 2 毫升	2 毫升
猪瘟弱毒细胞疫苗	50 日龄 4 头份		6 头份
猪肺疫弱毒疫苗	55 日龄口服 1 头份		
仔猪副伤寒弱毒疫苗	55 日龄口服 1 头份	70 日龄口服 1 头份	

10.　如何做好二元后备母猪的保健工作?

(1) 保健计划

①必须搞好栏舍卫生，勤打扫并定期进行消毒。仔猪由补料开始至断奶后 2 周，按每吨饲料中添加 80% 支原净 125 克＋扶本康 600 克拌料，转群时按上述方法再用 1 周，18 周龄左右再用 1 周，可防止呼吸道和消化道疾病的发生。也可每吨饲料用泰乐菌素 100 克＋强力霉素 100 克，均有好的预防效果。

②配种前用利高霉素进行 2 次子宫保健，每头猪每天用药量为 3～4 克，连用 4～7 天。

③为防止初产母猪感染衣原体等造成流产，初产母猪怀孕 18～24 天每头猪每天用金霉素 2～2.5 克，连用 7 天，有较好的预防效果。

④平时要经常观察猪的采食、运动、粪便色泽等，有病及时隔离治疗，无治疗价值的尽早淘汰。防疫应按程序进行，接种疫苗要按说明书使用。接种疫苗前要适当限料，接种前 3 天开始添加亚硒酸钠维E（按说明书用），连用 3 天；也可在接种疫苗前 1 天添加维生素 C（按说明书用），连用 2～3 天，以提高免疫效果。

(2) 驱虫计划

①注意驱虫时间：驱虫以春秋两季为主，仔猪一般在 45～55 日龄进行第一次驱虫，以后每隔 60～70 天驱虫一次。驱虫宜在晚间进

行，可取得满意效果。

②选用科学的驱虫方法：在给猪驱虫时，先给猪停喂一顿（约12小时），晚间喂食时将药物与饲料拌匀，一次喂给。若猪只较多，需注意每头猪的喂量，切忌喂饲不均。仔猪耳部给药驱虫，要注意清洁耳部皮肤，药液要涂抹均匀。仔猪转群时用帝诺盼（每500克帝诺盼含100克伊维菌素）按0.1%拌料，连喂7天，配种前再用一次，可驱除体内外寄生虫。

③选用恰当的驱虫药：驱虫药应选择广谱、低毒、高效药物。如打虫星、驱虫精、丙硫咪唑、左旋咪唑等。打虫星按每千克体重1克喂给，驱虫精按每千克体重20毫克使用，丙硫咪唑每千克体重用药15毫克，左旋咪唑每千克体重用药8毫克。如使用敌百虫，可按每千克体重80～100毫克计算。耳部驱虫涂液应根据说明书掌握涂抹药量。中药驱虫可用使君子，体重10～15千克仔猪每次5～8粒，体重20～40千克仔猪每次15～20粒。也可用生南瓜子，每千克体重2克，连喂2次，效果较好。

11. 怎样防控后备母猪的疾病？

（1）免疫

①免疫程序制定的参考依据：应依据原来场的免疫状况、本地区疫病流行情况、本场猪群的实际情况、疫苗性质等，制定适合本场的免疫程序。一般应通过流行病学调查、病理剖检、实验室诊断结合疫病的感染程度，决定是否增加疫苗。

此外，还要树立科学的免疫意识，免疫不是万能的，一般良好的疫苗、规范的储存和接种，保护力能达到70%～75%。因此确保猪群健康，必须将后备猪的管理纳入综合防疫体系之中。

②疫苗选择：一般选择相关畜牧兽医部门指定的正规厂家，常见的疫苗有乙型脑炎、细小病毒病、猪瘟、伪狂犬病等疫苗。

③疫苗保存和冷链运输：疫苗在生产厂家的保存一般没有问题，问题常常出在运输的各个环节，包括包装条件、路上停留时间、运输人的责任心等。在猪场内保存要专人管理，并且时刻监测冰箱的温

度，尤其是停电、冰箱出现故障时最好提前在冰箱内加好冰袋，准备好温度计应急备用。此外，稀释好的疫苗一定要保存在保温瓶或者是隔热性能良好的保温箱中临时储存，并要求在 2 小时内用完。

④规范操作：包括器械和操作部位的消毒、针头型号的选择、记录全面规范（领取记录、接种记录）等，以及疫苗使用前摇匀、专人操作、废弃疫苗及空瓶的无害化处理等。器械消毒一般用高压灭菌锅或者普通蒸锅，普通蒸锅在沸腾后 30 分钟关闭电源，在实际操作中一般都会延长，然后将消毒后的器械放在清洁的操作台上自然干燥。颈部肌肉的消毒一般选用 2%碘酊。针头仔猪用 9 号，育成猪用 12 号，育肥猪和成年猪用 16 号（注意长度要适宜），选择的原则是疫苗损失少、应激小、易操作。要求操作人员记录完整确实。废弃疫苗、空瓶在操作完毕后包好集中焚烧。此外，要注意操作时一猪一针，剂量要足，部位要准确，禁止打飞针。这项工作要求技术熟练、责任心强。管理人员应严格监督，逐渐培养员工的良好素质。

⑤抗体监测：有条件的猪场一定要做好免疫监测，一般在疫苗接种后 2 周进行，检查抗体的消长情况。

污染不严重的猪场应选用基因缺失苗，防止多厂家的疫苗混用，防止病毒发生基因重组。

灭活苗最好在配种前进行两次接种，间隔 4～6 周。在暴发猪瘟、伪狂犬病、细小病毒病时应尽早使用弱毒苗进行紧急接种。在疫情稳定后或老疫病区，为了净化一般以灭活疫苗为主。

（2）驱虫

蛔虫、鞭虫、疥螨等寄生虫常会损害机体免疫系统，对体内营养消耗大，使猪只免疫应答迟钝、猪群抵抗力低下，因此定期驱虫对控制寄生虫非常重要。

①全群猪（包括种公猪、母猪及后备猪）每年春秋两季各驱虫一次，用左旋咪唑每千克饲料 8 毫克拌料饲喂。

②断奶后的仔猪注射阿维菌素 1 次，有疥螨和猪虱的猪，间隔半个月再驱虫一次。

③驱虫后应注意观察，对出现副作用的猪及时解救。驱虫后 7 天内应及时清粪，妥善处理，防止病原扩散。驱虫后 21 天内，禁止屠

宰食用。

（3）药物预防 近几年疫病流行情况复杂，多病原混合感染逐年上升，除了做好必要的免疫之外，还要在转群、换季等应激较大的阶段或季节，在饲料中适当添加药物、生理调节剂、微生态制剂和某些中草药等进行预防和保健。投药的方式可以选择混饲或者饮水。一般混饲情况较多。最好针对病原选择敏感药物并联合用药，但是要避免滥用抗生素，近年来超级菌的问题已经引起全球的广泛关注。

12. 后备母猪繁殖障碍类疾病有哪些？如何区别与治疗？

引起母猪繁殖障碍的疾病主要有猪细小病毒病、猪流行性乙型脑炎、猪伪狂犬病、猪蓝耳病、猪瘟、猪钩端螺旋体病、猪弓形虫病和布鲁菌病等。

（1）从流行病学特点上进行鉴别

①流行季节：猪流行性乙型脑炎有明显的季节性，即蚊虫活动的夏季和秋季较为多发；钩端螺旋体病流行季节主要在 7～10 月高温季节；猪伪狂犬病多发生于春、冬季节；其他几种疾病没有明显的季节性，四季均可发生。

②发病年龄：布鲁菌病和细小病毒病易感性随性成熟而增大，钩端螺旋体病幼畜多发，弓形虫病以 3～4 月龄的猪发病为主，其他四种疾病不同年龄段都易感。但猪蓝耳病和猪伪狂犬病临床表现具有明显的年龄差异。

③传播途径：猪细小病毒病通过接触污染源、胎盘和精液传播；猪乙型脑炎主要通过蚊虫叮咬传播；猪伪狂犬病主要通过呼吸道、消化道、损伤的皮肤传播；猪蓝耳病通过直接接触传播；猪瘟经呼吸道（扁桃体）或直接接触传播；猪钩端螺旋体病主要经过皮肤、黏膜、消化道传播，也可通过交配、人工授精或菌血症期间通过吸血昆虫传播；猪布鲁菌病通过消化道、皮肤创伤、交配传播。

（2）从临床症状上进行区别 发病母猪都表现为多次发生不孕、流产或产出死胎、木乃伊胎，新生仔猪活力弱等共同症状。母猪生产前后所患的常见病相似之处有很多，因此在生产中要注意区别，以免出现误诊而造成不必要的损失。下面就上面所提到的几种猪的多发病的区别进行简单介绍。

①猪细小病毒病：除以上症状外，母猪无其他症状，其他猪也大多无症状。

②猪乙型脑炎：病猪多有神经症状，高热稽留，个别后肢轻度麻痹。

③猪伪狂犬病：初生仔猪症状比较严重，高热、呼吸困难、四肢运动失调、转圈、呕吐、下痢，若神经症状出现于发病初期，死亡率可达100%；青年猪症状较轻，病死率低。

④猪蓝耳病：仔猪表现为快速的腹式呼吸或喘气，死亡率80%～100%，疫区仔猪断乳后出现大量死亡；青年猪则以呼吸道症状为主。

⑤猪钩端螺旋体病：猪感染后大多数呈隐性感染，无明显临床症状；少数呈急性经过，表现短期发热、贫血、黄疸等。

⑥猪弓形虫病：以3～4月龄的猪多发，表现为高热、呼吸困难、仔猪呈水样腹泻，半月后不死可康复。成年猪呈隐性经过。产后母猪也易患此病，严重者直接死亡。

(3) 病理组织学进行鉴别 死胎、胎盘变化：猪乙型脑炎胎儿脑积水、皮下水肿；弓形虫病、猪瘟产畸形胎；布鲁菌病胎儿腹腔积水、皮下水肿、胎盘化脓；猪钩端螺旋体病、布鲁菌病引起的死胎少见木乃伊化；猪瘟病猪解剖回盲口扣状肿，脾脏边缘出血性梗死；猪蓝耳病有不同程度的肺充血、水肿，肺组织呈弥散性褐色病变。

(4) 防治措施 猪繁殖障碍疾病目前无良好的治疗药物，主要依靠注射疫苗预防。

①猪细小病毒病的预防：初产母猪和育成公猪在配种前1～2个月接种疫苗。

②乙型脑炎病的预防：后备母猪在5～6月龄注射弱毒苗或灭活苗，每年两次，其他猪应在流行季节来临前1个月注射灭活苗。

③猪伪狂犬病的预防：母猪配种前及临产前1个月左右预防注射疫苗。

④布鲁菌病的预防：坚持每年至少进行一次检疫监测，一经发

现，立即淘汰。

⑤猪钩端螺旋体病的治疗：发现病猪可用链霉素或庆大霉素肌内注射隔离治疗，饲料中添加土霉素，每千克饲料中加入1克左右。

⑥猪弓形虫病的预防治疗：猪场内禁止养猫，用磺胺-6-甲氧嘧啶拌料3～5天可预防，也可用磺胺类药物肌内注射治疗。

⑦猪瘟的预防：种猪每半年防疫一次，仔猪20日龄和60日龄左右两次免疫，猪瘟流行区内采用超前免疫。

13. 后备母猪乏情的原因是什么？有什么对策？

后备母猪达到一定年龄和一定体重后不发情、发情征状不明显或安静发情等统称为后备母猪乏情。一般来说，正常情况下外来品种及其杂交的后备母猪5～6月龄就进入初情期。如果超过7月龄或体重达到120千克后，还没有出现过一次发情征状，就可视为乏情。后备母猪乏情使饲养的后备母猪无法配种，会增加饲养成本，造成养猪场尤其是种猪场经济上的损失。

(1) 后备母猪乏情的原因

①先天性繁殖障碍：后备母猪生殖器官先天发育不良，功能缺损，无性腺或性腺分泌异常，造成无发情征状。

②品种因素：外来品种及其杂交的后备母猪发情状况和本地品种相比有所不同，一是发情时间短，二是发情的反应弱，需要认真的观察和鉴定。另外在实际养猪生产中，外来品种及其杂交种不发情和安静发情的比例也要大于本地品种。

③疾病原因：患有生殖道疾病如卵巢囊肿、子宫内膜炎等可导致后备母猪异常发情或不发情；患有呼吸和繁殖障碍综合征（蓝耳病）、细小病毒病、伪狂犬病及乙型脑炎等病毒性疾病，可导致母猪推迟发情、发情不明显或不发情；长期患有慢性疾病和寄生虫病的后备母猪，由于长期生长发育不良，也会影响正常发情。

④管理方式：管理粗放、饲养环境不好、卫生状况差、圈舍防寒防暑差、光线过强或过弱、饲养密度过大、运动过少、体质差等都对后备母猪正常发情有影响。

⑤饲料问题：饲喂的饲料营养价值不全面，长期饲喂缺乏维生素A、维生素E的饲料，饲料营养水平过高或过低，饲喂不合理，母猪体况过肥或过瘦，以及饲喂霉变过期的饲料都会造成后备母猪生殖器官发育不良、内分泌功能紊乱，从而影响到正常发情。

（2）后备母猪乏情的预防

①加强饲养管理：对后备母猪的饲养管理要精细，要提供好的饲养环境，经常保持圈舍的清洁卫生。夏季注意防暑，冬季注意保温，光线、通风要适当。饲喂要做到"定时、定量、定质"，减少随意性，不能饥一顿、饱一顿。要供给足量的清洁饮水。要随时注意后备母猪的体型，不能过肥或过瘦。饲养密度要适中，后备母猪饲喂在拥挤的圈舍很难查情，最少需1米²，配种时需要1.4米²，此外还需再有1米²的运动、躺卧、排便场地。同圈的个体不能相差过大，一个圈舍饲养量一般以5头左右为宜。

②选好饲料：饲喂后备母猪的饲料一定要力求营养价值全面。最好选择正规厂家生产的质量过关的后备母猪全价料。如自行配制饲料，要注意蛋白质、维生素A、维生素E的含量和比例。不能长期饲喂育肥猪料，更不能饲喂过期、发霉、变质的饲料。整个繁殖过程都是相互关联的，不能单独考虑其中的某一部分。体况和饲料采食变化会对哺乳期产生显著影响，同样初产母猪的饲养会对母猪的终生繁殖力产生重要影响。为了达到初配目标，后备母猪在体重50～100千克时应自由采食，到100千克时至少每天需要饲喂3千克含能量13～13.5兆焦/千克和0.55%～0.65%赖氨酸的妊娠母猪料，使其在适应期的增重为56千克/周，背膘会增加4毫米。

③搞好疫病防控：一要定期搞好圈舍环境的消毒；二要搞好蓝耳病、细小病毒病等对母猪繁殖功能有极大损害的病毒性疾病的疫苗预防注射；三要搞好生殖器官细菌性疾病的治疗；四要对患有其他慢性病和寄生虫病的后备母猪及时进行治疗。

（3）后备母猪乏情的处理措施　在做好后备母猪乏情的各项预防工作后，外来品种及其杂交母猪到了200日龄或体重达到110千克时，仍未出现过发情征状，就需要采取措施进行处理。处理的方法很多，主要有诱导发情、应激调控、药物治疗、激素处理、淘汰等。各养殖户可以选择适合自己猪场实际情况的单项或多项组合方法灵活运用，一般来说按秩序、分步骤进行处理为好。

①诱导发情：诱导发情指利用异性及其分泌物、交配体态以及对生殖器官进行刺激，诱使母猪垂体性腺分泌，从而促使后备母猪发情。

②公猪刺激：用成熟公猪的尿液、精液和分泌物涂抹后备母猪可诱使其发情。最好每天把后备母猪赶到性欲旺盛的公猪圈内和公猪呆上 20 分钟左右，让公猪追逐和爬跨，用性刺激来诱使后备母猪发情。条件许可的情况下，用多头公猪轮换刺激效果更佳。

③发情母猪刺激：把后备母猪和正在发情的母猪关在一起，让发情母猪不断对后备母猪进行爬跨和刺激。

④按摩刺激：用温水浸过的毛巾每天在后备母猪乳房、尾根和外阴部擦拭和按摩 30 分钟左右。

⑤死精输配：用灭活、干净的公猪精液输配后备母猪，一般一次即可。

⑥应激调控：应激调控主要是打乱后备母猪正常的生活秩序，使机体产生应激反应，机体内分泌发生变化，诱使性腺分泌性激素，以达到正常发情的目的。

A. 饥饿疗法：每天喂料量减少为平时的 30%～50%，供给足量清洁饮水，连续 5 天后自由采食。

B. 强制运动：每天把后备母猪赶出栏，强制驱赶运动 30 分钟左右。但要注意避免受伤以及过度惊吓和疲惫。

C. 并栏：把体格相近的后备母猪并在一个圈舍内，让其撕咬和打斗，但要注意防止其受伤。

（4）药物治疗

①添加维生素 E：在饲料中额外添加维生素 E 300 克/吨，连续使用 10～15 天。

②服用红糖水：红糖 500 克、清水 1 000 毫升煎熬，每天 2 次，连服 3～5 天。

③益母草剂：益母草 1 克煎水，早晚各一次，连服 3～5 天。

④激素处理：对后备母猪肌内注射 1 000 万国际单位孕马血清促

性腺激素，每天 1 次，连用 2 天；或注射 1 000 万国际单位绒毛膜促性腺激素，每天 1 次，连用 2 天。两种方法若同时加注氯前列烯醇 2 毫升效果更佳。注射后母猪一般在 3～5 天就有发情表现。

（5）淘汰　对于经过多种方法处理仍无发情表现，且已超过 270 日龄的后备母猪，应怀疑为先天性繁殖障碍，要及时淘汰或转为育肥猪，以免造成更大的经济损失。

14. 后备母猪配种困难的原因是什么？有什么对策？

（1）原因

①天气炎热：7～8 月平均每日最高气温约 33℃，有时高达 35℃ 以上，而猪场没有遮阳设施，严重超出母猪适宜温度范围（16～20℃），会造成母猪内分泌紊乱，发情、排卵不正常。

②膘情过肥：由于母猪长期饲喂全价配合饲料，喂量充足，又没有青粗饲料搭配，营养过剩，膘情过肥，卵巢周围沉积大量的脂肪，卵巢内部脂肪浸润，严重影响排卵及发情。

③运动量小：没有充足的运动场地，母猪吃饱了就躺卧。由于运动量小，促使脂肪沉积，造成体质过度疏松，性欲低，发情异常。

④初配困难：后备母猪初次配种时，发情期短，发情征状不明显，不习惯公猪爬跨。特别是引入品种及其杂种初配反应更明显，这也是造成配种困难的一个原因。

（2）针对上述各种原因，应采取综合措施，促使母猪排卵发情，确保顺利配种，提高受胎率。

①控制舍温：可在猪舍周围种树遮阴或搭凉棚，每日用凉水冲洗圈舍地面。当气温超过 34℃ 时，可直接向猪体喷水（不要直冲头部）；或在猪舍一侧设小水池，让猪洗澡。

②限制喂量：每日精饲料喂量控制在 1.5 千克以下，适当补充粗饲料和青绿多汁饲料，改变母猪日粮结构，迫使母猪"掉膘"。

③增加运动量：让母猪每天上下午各运动一次，每次不少于 1 小时，可采取驱赶运动或放牧运动。这样，一方面可使母猪掉膘，另一方面可增强母猪体质，提高性活动能力，促使发情。

④发情母猪诱情：将不发情或发情不明显的母猪赶至正在发情的母猪圈内饲养，利用发情母猪爬跨等刺激，诱发后备母猪发情。

⑤公猪诱情：将试情公猪赶至母猪圈内，每天 2 小时，连续 3 天。由于公猪的接触、爬跨及异性激素的刺激，可促使后备母猪正常发情。

⑥按摩乳房：对不发情的母猪每天定时按摩乳房，促使性神经系统兴奋，可促进母猪发情排卵。一般每天早晨按摩 1 次，每次 10 分钟，连续 7～10 天。发情前采用表层按摩，发情后采取表层按摩与深层按摩结合；在交配前，可采用深层按摩。这不但可促使母猪发情，而且还可增加排卵数。

⑦激素催情：常用的激素有孕马血清（PMSG）、人绒毛膜促性腺激素（HCG）。每天皮下注射孕马血清 5 毫升，连续注射 4 天，母猪即可出现发情，或肌内注射绒毛膜促性腺激素 1 000 国际单位，也有良好效果。

⑧中药催情：处方一，淫羊藿 50～80 克、对叶草 50～80 克，煎水内服。处方二，对叶草 50 克、淫羊藿 50 克、益母草 50 克、山当归 40 克、红泽兰 30 克，煎水内服。处方三，当归活血汤加减：当归 15 克、香附 15 克、陈皮 15 克、川芎 12 克、白芍 12 克、熟地 12 克、小茴香 12 克、乌药 10 克、白酒 100 毫升，水煎每天服 2 次。处方四，淫羊藿 100 克、丹参 80 克、红花 50 克、当归 50 克，碾末混入饲料中喂。处方五，淫羊藿 6 克、阳起石 6 克、当归 4 克、香附 5 克、益母草 6 克、菟丝子 5 克，共制粗粉，过筛混匀，每头猪每次 30～60 克，拌料饲喂。

15. 引起后备母猪阴道脱出的原因是什么？如何用手术进行治疗？

（1）原因与症状　后备母猪初情期阴道脱出，可能是发情期腹内压力过高，子宫蠕动增强，以及饲养不良，如蛋白质和矿物质缺乏、运动不足等引起。后备母猪发情期跳栏、爬跨，常引起阴道脱出 3～5 厘米，初期鸽蛋大，黏膜外露，随时间延长，其脱出部分越来越多，越来越大，初红肿、后水肿，沾有粪便等污物，在发情后期不能自动缩回，用热敷、冰敷等物理疗法都不能恢复。

（2）术前准备

①保定患猪：患猪侧卧保定，尾拴于侧，充分暴露会阴部。

②药物器械准备：10 号医用丝线、缝合针、高锰酸钾、止血钳、青霉素、碘酒（所用器械须事前消毒备用）。

（3）手术操作

①术部麻醉：在阴门周围分三点注射混有 1％～2％盐酸普鲁卡因的 95％酒精，每点 5～10 毫升，起固定、止痛作用。

②清洗复位：用温 0.2％高锰酸钾溶液清洗术部，撒布消炎粉（青霉素 80 万单位 1 支），然后用手轻推脱出的阴道慢送复位。

③阴门缝合：用消毒好的缝合针，10 号医用丝线，以针距 1 厘米左右在阴门边缘做袋口缝合，能伸入 1 个手指为宜。

④术后护理：患猪单独饲养，安静休息，防止跳圈。搞好圈舍卫生、消毒。每天肌内注射 160 万单位青霉素，连用 3～5 天，7～10 天消肿后即可拆线。

（4）注意防治

①阴道脱出必须及时手术复原加以固定，如果拖延不治会导致子宫脱，进一步水肿、糜烂、感染，可能引发败血症。

②加强饲养管理，防止母猪跳栏、爬跨，补充足够的矿物质、维生素，增强体质。

16. 如何诊治后备母猪双侧腹股沟疝？

当确诊为双侧腹股沟疝，一般采用单切口结扎法治疗。

（1）临床诊断 观察阴部无发情征状，股间两侧膨胀，用手触摸柔软、无热痛，有咕噜声。将母猪两后肢分开倒提，可见左右两侧腹股沟有一明显隆起物前移，用手按压推送可将其纳入腹腔；母猪横卧保定，触摸腹股沟左右外环口，环口增大，呈可容纳二指宽的洞口。经临床检查确诊为可复性双侧腹股沟疝，嘱咐户主暂停饲喂，于第 2 天上午进行手术治疗。

（2）手术步骤

①保定：将母猪两后肢水平分开，用软绳索捆扎在木梯上，呈倒悬保定。胸部用长布条呈十字交叉固定在木梯横档上，两前肢用绳索捆扎，将绳两头拉紧在木梯两侧打结固定。

②消毒：手术器具、助手及术者手、手臂常规消毒。术部用0.1％高锰酸钾溶液洗净擦干，用5％碘酊消毒，再用75％酒精脱碘。

③手术：切口选择在两侧疝中间，行一纵向切口6～8厘米。切开皮肤，将切口皮肤移向左侧，用止血钳和手术刀柄配合钝性分离皮下疏松组织，找到左侧环口鞘膜，将疝的总鞘膜管拉出，用刀柄钝性分离疝囊的肌层和黏膜层，将总鞘膜管分离出来移到环口。助手左手拇指、食指握住左侧切口皮肤，右手四指将左侧腹部按压推向环口，使左侧环口暴露在切口处。术者右手将总鞘膜管提起，左手将鞘膜管内的肠管推进腹腔，然后用两手指夹住鞘膜管按住环口；右手将总鞘膜管捻转几圈紧于环口，用缝线在近环口处将捻转的鞘膜管结扎，再用缝针系带（10号缝线）贯穿绕1周后收紧打结，在离结扎线1厘米处将多余的总鞘膜管切除。将环口采用纽扣状缝合法缝合闭锁。处理右侧腹股沟疝时，应将皮肤切口移向右侧腹股沟附近，钝性分离皮下疏松组织，找到右侧环口总鞘膜。按左侧同样的方法，处理总鞘膜管及疝内容物，进行缝合。完毕后用棉球将切口清理消毒，缝合皮下组织和皮肤切口，在切口涂布碘酊消毒。

17. 后备母猪发生日照性皮炎有什么症状？如何防治？

（1）临床症状 猪皮肤发红，精神稍差，采食减少，随后病猪逐渐增多。猪全身发红，先在头、身体背部和体表两侧皮肤出现不规则、厚度一致的硬结肿块，凸出于正常皮肤约2厘米，触之热痛，腹部出现较少。后期皮炎疹块密布于阳光能照到的体表皮肤，体温稍高（39℃左右）。

（2）防治

①减少光照时间：将强阳光照射时猪在运动场的活动时间由3小时减少到1小时；将日喂料量调整为早晚多喂，中午少喂；同时将运

动时间主要限制在早晚时段。

②增加多种维生素喂量：为减少应激反应，增强猪对环境的适应能力和自身抵抗能力，在饲料中按 100 千克饲料拌电解多维 100 克。对不采食的后备母猪用电解多维（0.2 克/10 千克，每天 1 次）兑水喂服，连用 5 天。

③加喂抗生素、抗过敏药和解热镇痛药：在饲料中混入广州白云百炎净预混剂（0.2 克/千克，首次量加倍）和克感敏（每天 1 片/天），可防止继发感染和减轻炎症反应。对不采食的病重发热猪肌内注射百菌除（每天 2 次，每次 5 毫升）和安痛定（每次 5 毫升），连续用药 3 天。

④消毒：对猪群体表和厩舍用 1% 的新洁尔灭喷洒消毒，控制继发感染，每天 1 次，连用 3 天。

18. 如何诊治后备母猪软腿病？

(1) 临床症状

①轻度的病猪：弓腰跛行、运步强直、步幅短小，肢腿无明显变形，蹄叉均好，鼻镜无水疱，蹄壳无裂痕、无脱落现象。

②比较严重的病猪：喜卧，起立困难，驱赶时尖叫。站立时弓腰，蹄尖着地，行走时步幅短小，体躯摇摆，跛行明显尤以后肢为重。重症的病猪卧地不起，患肢变形，腕系、蹄冠部背侧因磨损而有肿胀、溃破，发展到高度运动障碍，肢蹄明显变形或呈犬坐姿势。

(2) 诊断

①蹄无典型的水疱及蹄壳松动和脱落现象，且无传染病，发病扩散较慢，排除猪五号病的可能。

②饲料中缺钙是主要原因。

③母猪营养缺乏，主要是缺钙及维生素 A、维生素 D，引起母猪软腿病。

(3) 治疗

①紧急用畜禽用维生素 A、维生素 D 粉在饲料中拌料喂服，给母猪群全部饲喂。

②病猪每天注射维丁胶性钙注射液 10 毫升。

③停止使用并更换某饲料公司生产的添加剂。

19. 如何诊治后备母猪佝偻病？

（1）临床症状　病猪表现生长发育停滞，消瘦，被毛粗乱，消化不良，跛行，骨骼变形、呈犬坐姿势卧地，不愿起立，关节肿大，前肢呈明显的 X 形，后右肢跛行严重等典型症状，用水杨酸钠制剂治疗无效，结合饲养管理情况分析可以诊断为佝偻病。

（2）治疗措施

①首先加强饲养管理：在饲粮中给予适量的富钙矿物质、维生素 D 和青草等，同时经常给予适当的运动和阳光照射。

②药物治疗：补充维生素 D 和血清中钙磷的含量：

A. 肌内注射维丁胶性钙液（每毫升含磷酸氢钙 0.5 毫克，维生素 D 0.125 毫克），首服量 10 毫升，以后每天 5 毫升，连用 5 天。

B. 静脉缓慢注射 10 万国际单位葡萄糖酸钙，每天 50 毫升，连用 4 天；口服维丁钙片（每片含磷酸氢钙 0.15 克，维生素 D 70 万单位），每天 2 次，每次 15 片，连用 5 天。

③局部封闭治疗：用普鲁卡因肾上腺素 3 毫升或普鲁卡因青霉素 160 万单位配合醋酸氢化泼尼松液 2～3 毫升（每毫升含醋酸氢化泼尼松 25 毫克）分点注入病猪右后腿大胯、小胯、后三里、涌泉穴内，隔 2 天重复一次。

同时在饲料中投喂适量健胃药小苏打，以增进食欲。经上述措施处理后，患猪病情逐步好转，治疗后 10 天观察，跛行基本消失，右后肢可以踏地负重行走，食量大增，全身被毛变得光亮。

20. 如何用手术法整复后备母猪脐疝？

（1）原因　断奶过早、早期补料不充分，仔猪产生恋母行为引发拱肚现象；或仔猪自小患有脐疝，因打斗和拱肚以致脐疝更加严重。

（2）临床症状　患猪被毛粗乱，身体消瘦，体温 37.8℃，食欲不佳；脐部呈局限性球性肿胀，触诊可摸到较大疝孔，内容物尚有一定可复性，听诊时有较明显的肠蠕动音。根据上述症状可确诊为脐疝。

(3) 手术整复

①患猪禁食 6～8 小时，后进行空腹仰卧保定，使患猪两后腿叉开。术部剪毛，肥皂水清洗脐部，然后用碘酊消毒并用酒精脱碘。用 1％的盐酸普鲁卡因 20 毫升在疝囊周围分点注射，进行局部浸润麻醉。

②在疝囊基部靠近脐孔处切开疝囊，暴露疝内容物。此时有部分疝液夹杂血丝流出。用生理盐水冲洗后仔细辨别小肠及网膜，若未见小肠充血、水肿和坏死，遂对内容物还纳回归腹腔。削除疝孔周缘老化结缔组织，新鲜创口用 10 号丝线对疝孔进行重叠式褥状缝合，剪掉多余皮肤，然后结节缝合皮肤和皮下组织。

(4) 术后护理

①术后 1～2 天不要喂得太饱，不宜让猪做剧烈运动，将患猪单独喂养在干燥的圈舍里。

②连续 3 天肌内注射青霉素，每天 2 次，每次 400 万国际单位。

21. 如何诊治猪传染性胃肠炎？

传染性胃肠炎是由传染性胃肠炎病毒引起的一种急性、接触性肠道传染病，不同年龄的猪均可发病，哺乳仔猪发病死亡率可达 10％～100％。本病呈地方性流行，有明显的季节性，以冬春两季发病最多。

(1) 临床症状 主要感染 10 周龄内仔猪，患猪表现呕吐、严重腹泻和脱水。体温升高，精神委顿；厌食、呕吐和明显的水样腹泻，粪便呈黄色、淡绿色或灰白色，水样并有气泡，内含凝乳块，腥臭；有渴感，被毛粗乱，明显脱水，衰弱死亡。日龄越小，病程越短，死亡率越高。大猪表现精神不振，食欲减退或消失，水样腹泻，粪便呈黄色、灰色、褐色不等，混有气泡，极少死亡。

(2) 病理变化 剖检可见仔猪脱水明显，尸体消瘦。卡他性胃肠炎，胃内充满凝乳块，胃底黏膜充血、出血；肠黏膜剥落，空肠、回肠绒毛萎缩，小肠壁变薄、内膜变粗糙，肠道充气，内容物呈液体状、灰色或灰黑色，肠系膜充血，淋巴结肿胀。

（3）防治　免疫接种，使用传染性胃肠炎和轮状病毒二联苗效果较好。母猪产前免疫 2 次，可使仔猪获得良好的被动免疫抗体。对流行过该病的场，在冬春季节应对保育期仔猪进行免疫接种。仔猪发病后要防止脱水，减轻酸中毒，维持体内酸碱平衡，改善体液循环，缓解症状和注射抗生素防止继发感染，补充适量的电解质溶液是降低死亡率的关键。

①"明发克痢注射液"肌内注射，体重 1～5 千克猪，1 毫升/次；体重 5～25 千克猪，2 毫升/次；体重 25～60 千克猪，3 毫升/次；猪体重 60 千克以上猪，5 毫升/次，每天 1 次，3 天一个疗程；

②"明发五必治注射液"，猪每千克体重注射 0.2 毫升，每天 2 次，连用 3～5 天。

22. 人工授精有哪些优点？

（1）提高优良种公猪的利用率。

（2）节约种公猪购置费用和饲养管理费用。

（3）增加选择种公猪的余地，有利于优秀种公猪遗传潜力的充分发挥，提高商品猪的质量及整齐度，加快猪的改良速度。

（4）可以异地配种，特别是对散养母猪配种极为方便。随着销售方式的变革，猪精液将有可能于不久后进入门市销售，这对供应商和用户都更为方便。

（5）减少种猪生殖道疾病、寄生虫病的传播。

（6）可以随时对公猪的精液质量进行监测。

（7）降低劳动力成本，给母猪实行人工授精的时间通常比本交所花的时间少，配种时所需的劳动力投入减少。

（8）降低猪的应激水平。

23. 人工授精前需要做哪些准备？

（1）输精用品准备　运输或临时贮存精液的保温箱、冰（或热水）袋、厚毛巾或泡沫塑料板、贮存的精液、纸巾、专用润滑剂、输精管、50℃温度计、0.1％的高锰酸钾溶液等。

（2）输精前精液的准备 一般在输精前用水浴锅或在保温箱中放入热水袋盖上毛巾，放入输精瓶或输精袋，使精液缓慢升温至25℃然后用于输精。

（3）输精前输精管的准备 在输精管的海绵头管口周围涂少量润滑剂并注意不要堵塞海绵头上的管口。

（4）输精前对母猪的处理

①母猪敏感部位的按摩与刺激：从母猪的颈肩部开始依次向后，用手掌反复按摩刺激各个敏感部位，尤其是母猪的侧腹部、乳房和腹股沟，一般持续3～5分钟。

②母猪外阴部的清洁：如果发情母猪的外阴部没有太多的污垢，只需用消毒纸巾先擦拭外阴部皮肤，然后再用一张干净纸巾仔细将阴门裂处擦净。如果发情母猪外阴部较脏，可将毛巾在0.1％高锰酸钾溶液中浸湿拧干，将外阴擦净；然后再用消毒纸巾擦拭1次，使阴门和阴门裂内干燥。

注意：清洁母猪外阴部时需注意的问题：

A. 高锰酸钾溶液应现配现用，不得存放。

B. 严禁用清水或消毒液直接冲洗母猪外阴部。因为母猪性兴奋时，可能会将液体吸入子宫内，杀死精子或造成子宫污染。

C. 输精时要保持外阴部和阴门的干燥、清洁。

D. 清洁过程要熟练，不要耗时太长，以免母猪不能得到连续刺激而影响其性欲，造成输精困难。

24. 如何给后备母猪进行人工授精？

（1）常见的输精方法

第一种方法：输精员面向母猪后躯，站于母猪左侧，将母猪夹在左臂腋窝下，同时左手按摩母猪侧腹和乳房，另一手提起输精容器进行输精。

第二种方法：输精员一只手按压母猪背部，另一只手提起输精容器输精。

第三种方法：输精员倒骑在母猪背部，并用两腿夹住母猪两侧腹部，一只手扶稳猪背或栏杆，另一只手提起输精容器输精。

第四种方法：利用集中配种栏输精，可将沙袋压在母猪背部或用输精夹夹住母猪肷窝处，将输精瓶（袋）固定在一定高度，使精液自动流下。在输精过程中，输精员轮流按摩母猪的侧腹部或后侧乳房，以刺激母猪性欲，促进精液吸收。

（2）输精管插入母猪阴道　输精人员的左手使母猪阴门呈开张状态并向后下方轻拉，保持阴门开张；右手持输精管将海绵头先压向阴门裂处，然后向上呈45°角向前上方推进，使海绵头沿着阴道的上壁滑行，一直将海绵头送到子宫颈口处，此时向前推进会感到有阻力。当海绵头滑行至子宫颈口遇到阻力时，操作者将输精管向左、向前旋转推送3～5厘米，使海绵头进入子宫颈管，此时子宫颈管受到刺激引起收缩，将海绵头锁定于子宫颈管内。

（3）输精瓶连接输精管　输精前应将输精瓶的瓶盖拧松，待进气后再拧紧，上下翻转，使沉淀的精子与上清液混合均匀。将输精瓶接到输精管尾端，轻轻挤压输精瓶，确保精液缓缓流出。接着，通过母猪子宫收缩产生的负压，将精液吸入。输精时间至少需要在3分钟以上。

（4）在输精过程中，尽可能让精液自行流下，一般不要挤压输精瓶（袋），以免精液倒流。输精操作宜在4～10分钟内完成。

25.　输精后该做哪些工作?

（1）防止精液倒流　精液输完后，建议将输精管留在母猪子宫颈管内5分钟左右，以继续刺激母猪宫缩。为了防止输精后精液倒流，在看到精液全部进入阴门内后片刻（3秒左右）取下输精瓶（袋），同时将输精管后端折弯，然后用输精瓶或输精袋上的孔将其套住。有的输精瓶瓶盖上附有堵头，可用其堵住输精管的管口。

（2）取出输精管　输精管在母猪子宫颈管内停留片刻后即可将其取出。抽出输精管时，应向后下方以较快速度抽出，以使子宫颈口闭合，防止精液倒流。

（3）输精完毕后母猪的处理 给母猪输精后，应让母猪与试情公猪继续隔栏头对头接触 10 分钟左右，然后将公猪赶走。母猪在原地停留 15～30 分钟，然后赶回原圈，使其得到充分休息。在原地停留期间尽量不要让母猪卧下，否则会导致精液倒流。当母猪要卧下时应轻轻驱赶，使其保持站立状态。

二、妊娠母猪的健康饲养

妊娠母猪是指从配种受胎到分娩这一阶段的母猪，这一阶段胎儿的生长发育完全依靠母体。养好妊娠母猪的目的是保证胎儿的正常发育，防止发生流产和死胎，确保生产出头数多、初生重大、均匀一致和健康的仔猪，并使母猪保持中上等体况，为哺育仔猪做准备。

26. 如何做好母猪的妊娠诊断？

妊娠早期确诊可以减少母猪的空怀期或非繁殖天数，能够提高母猪的平均年产窝数，并有利于及时淘汰低繁殖力或不育母猪。猪场的配种水平越低，妊娠诊断的意义越大。妊娠诊断的方法有多种，但几乎没有一种妊娠诊断技术达到100％的准确率。有些方法准确率相对较高，但设备昂贵、体积大，需要一定的操作环境和操作技术，在猪场中的实用性不是很强。但多种方法同时使用，相互印证，即使几种比较简易的方法，也能达到很高的准确率。当然，妊娠诊断过程中，技术人员的技术水平和经验十分重要。

(1) 返情检查法　妊娠诊断最普通的方法是根据母猪配种后17～24天是否恢复发情进行判断。观察母猪在公猪在场时的表现，尤其是当公、母猪直接发生身体接触时的行为表现，有利于进行发情检查。一般将配种后的母猪与空怀待配母猪饲养在同一栋猪舍中，在对空怀母猪进行查情时，同时每天对配种后17～24天的母猪进行返情检查，如不返情，可认为母猪已经受孕。这种检查方法的总体准确性有较大的差异。猪场母猪繁殖状况越好，通过返情检查进行妊娠诊断的准确性越高；但当猪场管理混乱、饲料中含有霉菌等毒素、炎热、母猪营养不良时，则母猪持续乏情或假妊娠率会增高，这样的情况下通过检查返情进行妊娠诊断，就会有部分母猪出现假阳性诊断结果。

因此，通过返情检查进行妊娠诊断的准确性高时可达 92%，但低时会低于 40%。在配种后第 38～45 天进行第二次返情检查，如仍不返情，其诊断的准确性会进一步提高。在配种后 17～24 天进行返情检查是猪场中较为实用的方法之一。

（2）外部观察法　外部观察法是根据母猪配种后外观和行为的变化来进行妊娠诊断的。但这种方法只能作为其他诊断方法的辅助手段，以便印证其他方法诊断的结果；而且外部观察法诊断一般在配种后 4 周以上才能进行。

①食欲与膘情：母猪妊娠后，处于为胎儿后期快速发育贮备营养需要的阶段，往往食欲会明显增加。另外，由于妊娠期在孕激素的作用下，妊娠前期的同化作用增强而基础代谢较低，因此，怀孕后的母猪即使饲喂通常用以维持的饲料量，膘情也会提高。

②外观：如前所述，由于处于妊娠代谢状态下的母猪同化作用增强，膘情提高，其外观的营养状况会有明显改善，被毛顺滑，皮肤滋润。

受孕激素的作用，外生殖器的血液循环明显减弱，外阴苍白、皱缩，阴门裂线变短且弯曲。因此，如果出现上述变化，应作为母猪受孕的依据之一。但某些饲料成分会影响这种变化，饲喂含有被镰孢霉污染的饲料，妊娠母猪外阴的干缩状况并不明显，甚至有些妊娠母猪的外阴还有轻度肿胀。某些品种猪妊娠时，外阴部的变化也不够明显。随着胎儿的增大，母猪的腹围会增大，通常在妊娠到 60 天左右时，腹部隆起已经较为明显，75 天以后部分母猪可看到胎动，随着临产期的接近，胎动会越来越明显。

③行为：母猪妊娠后性情会变得温和，行动小心，群养时会小心避开其他母猪。外部观察法进行早期妊娠诊断的可靠性显然不高，但日常观察经验的积累会提高判断的准确性。因此，生产过程中对母猪外观行为变化的观察，有助于及时发现未孕母猪，减少母猪非繁殖期的长度。

（3）物理检查法

①直肠触诊法：用直肠触诊法诊断妊娠是一种十分实用且准确性高的方法。让母猪站在妊娠笼或圈中，或将其保定好后进行检查。此

方法主要是检查子宫颈和子宫，同时触摸子宫中动脉，感觉其形态大小、感觉音的高低和脉搏类型。用此方法检查妊娠 21～27 天、妊娠 28～30 天和妊娠 60 天至妊娠结束的母猪，其灵敏度分别为 75％、94％和 100％。初产母猪或接近临产期的经产母猪的骨盆腔和直肠通常很小，不利于检查。但如果检查时误把髂外动脉或其分支之一当作子宫中动脉，则会造成假阳性诊断。由于触诊方法失误或触诊过早而造成的假阴性通常比假阳性多。直肠触诊法对技术人员的技术水平和经验有较高的要求，因而，这种方法目前在国内应用并不普遍。

②超声波检查法：其原理是根据超声波的回声来检查妊娠，是一种早期妊娠检查的普遍且实用的方法，一般可与返情检查结合使用。

A. 多普勒超声波：多普勒超声仪检测胎儿心跳和脉搏，子宫动脉脉搏为 50～100 次/分钟，而脐动脉的脉搏为 150～250 次/分钟。腹部探查位置是母猪胁腹部、横过乳头并且对准骨盆腔区域。超声波通过传感器进行发放，接收并转换成声音信号。也可通过直肠探查，其方法与腹部探查相似。直肠探查和腹部探查的灵敏度高于 85％，特异性高于 95％，妊娠 29～34 天效果最佳。当周围环境中有噪声干扰或直肠探查部位有粪便阻塞时会出现假阴性诊断。此种方法一般需要用不同妊娠期探查的录音进行比照，但随着经验的积累，技术人员可直接根据声音信号来判断是否妊娠。

B. A 型超声波：A 型超声仪利用超声波来检查充满积液的子宫。声波从妊娠的子宫反射回来，并被转换成声音信号或示波器屏幕上的图像，或通过二极管形成亮线。在配种后 30～75 天内进行妊娠检查，此方法总体准确度高于 95％。不同型号的 A 型超声仪的灵敏度和特异性间存在差异。从 75 天到分娩假阴性和不能确定的比例增加，这主要是由于尿囊液和胎儿生长的变化。这对妊娠诊断仪器的应用并没有多大影响，因为 75 天以后，从腹部隆起的状况和胎动就可以看出是否妊娠。但膀胱积液、子宫积脓和子宫内膜水肿容易造成假阳性诊断结果。因此，用 A 型超声波进行妊娠诊断，同样也会因为母猪群的健康状况而影响到诊断的准确性。另外，一些对大家畜使用的诊断仪应用于猪时，可能会使所有的被测对象都呈阳性。

C. 实时超声波法：实时超声波在初产母猪和经产母猪的早期准

确诊断方面颇具潜力。腹部实时超声波探查的传感器与其他诊断仪相同。超声波穿过子宫然后返回到传感器，若在生殖道内探测到明显的积液囊或胎儿则可确诊妊娠。

(4) 激素检测法 血清中孕酮和雌酮的浓度通常可作为妊娠指标。因激素浓度有一个动态变化，所以应在妊娠过程的不同时期取样检查。这类方法在猪场中应用不普遍，但可作为一种诊断方法对其进行更全面的研究，以期找到更实用的方法。

①孕酮检测：妊娠母猪血清中孕酮浓度应很高，而在非妊娠母猪则较低（纳克/毫升）。测定孕酮浓度的最佳取血样时间是在母猪配种后 17～20 天。应用血清中的孕酮浓度来诊断妊娠，其灵敏度可高达 97％以上，但特异性仅为 60％～90％。发情延迟、不规律、假妊娠或卵巢囊肿时，诊断结果会出现假阳性。实验室操作错误可能会导致诊断结果假阴性。

目前已开发出适用于猪场的酶联免疫反应试验盒。这一方法的一个明显的限制条件就是需要采取血样。之后又开发出检测粪便中孕酮浓度的酶联免疫吸附试验和放射免疫方法。尽管检测粪便的方法有应用潜力，但其实用性还有待于在商品猪场进一步证实。

②硫酸雌酮检测：有很大部分胎儿雌激素以硫酸雌酮形式从子宫分泌进入母体循环。但直到妊娠 25～30 天时才可确切地测出血清中硫酸雌酮的浓度。血清中硫酸雌酮的浓度高于 0.5 纳克/毫升即可认为母猪已经妊娠。在妊娠 25～30 天时应用此方法进行检查，其灵敏度高于 97％、特异性高于 88％。假妊娠母猪的硫酸雌酮浓度明显低于妊娠母猪。

(5) 激素诊断法 用注射激素来判断母猪是否妊娠的方法在实用性上有待进一步的探讨，在这里只作为一种方法进行介绍。

在母猪配种后的第 16 天注射 25 微克的促排 3 号，3～5 天后如果母猪发情，则为未孕母猪，可安排配种；如果未发情可判断为阳性。促排 3 号是促性腺释放激素的类似物，可促进促卵泡素和促黄体素的分泌，因此，对处于发情周期第 16 天的母猪，可促进卵泡发育和分泌雌激素，但如果有黄体存在也会促进黄体分泌孕酮，从而有利于妊娠的维持。这种方法对母猪不会有危害性，但对妊娠诊断的准确性有待于研究。

27. 引起胚胎死亡的原因有哪些？

母猪每个情期排卵大约 20 枚，但每窝育成的仔猪数有些不超过 10 头，说明约有一半的受精卵在胚胎发育过程中死亡。化胎、死胎、木乃伊胎和流产都是胚胎死亡。母猪每个发情期排出的卵大约有 10％不能受精，有 20％～30％的受精卵在胚胎发育过程中死亡，出生仔猪数只占排卵数的 60％左右。

（1）胚胎死亡时期

①怀孕 1 个月内死亡：从受精卵到达子宫角附近，并在其周围形成胎盘，此过程称为着床，需 12～24 天。合子在 9～13 天的附植初期胎盘尚未形成前，易受各种因素的影响而死亡。无最适宜的环境，胚胎缺乏保护，附植即不能成功，这是死亡的第一高峰。实际上，胚胎期的所有损失大部分在附植前后，死亡占 30％～40％。第二次高峰出现在受精后 3 周，是器官形成阶段，胚胎在争夺胎盘分泌的某种有利其发育的类蛋白质物质的过程中，强存弱亡。

②怀孕中期死亡：怀孕 60～70 天，胚胎发育停止，而胎儿发育加快，互相拥挤，造成营养供应不均，致使一部分胎儿发育不良，形成第三个死亡高峰期，死亡率高达 30％，占胚胎数的 5％～10％。

③怀孕后期和临产死亡：此阶段占死亡的 10％，包括死胎、弱胎和临产窒息三部分。前两部分是由于怀孕后期营养不足造成，第三部分是临产前因受刺激、剧烈活动等原因导致分娩前脐带中断，造成胎儿窒息死亡。

（2）造成胚胎死亡的原因

①机械性因素：圈舍面积小、饲养密度大造成猪多拥挤，易发生母猪互相咬架、冲撞、滑倒引起流产。猪舍是猪的生活场所，合理设计和修建猪舍不仅能保证猪的健康，提高生产性能，而且是节省人力、物力，降低养猪成本，增加产出的良好途径。比较理想的猪舍应具备的条件：一是冬暖夏凉；二是通风透光，空气干燥；三是有利于防疫灭病；四是利于积肥、造肥。在良好的饲养管理条件下，农户规

模养猪的密度一般为断奶仔猪平均每头占用面积 0.4 米^2，每栏养 20～30 头；育肥猪每头占有面积 1～1.5 米^2，每栏养 10～15 头；成年母猪每只占有面积 2～3 米^2，每栏养 10 头左右。放牧过程中饲养管理人员照看不当，怀孕母猪蹦沟，或与其他猪爬跨，或者用鞭趋打会造成母猪流产。在有条件的放牧地，放牧人员要特别精心，放牧速度不能过快，尽量选择平坦的地段放牧，猪与猪之间要保持一定的距离，并注意观察母猪的精神状态，在野外要控制母猪的兴奋，防止互相爬跨。

②妊娠诊断不准确：怀孕母猪妊娠期表现不明显，特别是本交的母猪常常会造成孕后错配等。对怀孕母猪妊娠期表现不明显的，要加强观察。

A. 母猪通常间隔 18～25 天发情一次，一般的在怀孕后不再发情。

B. 受胎母猪的毛色和眼睛发亮，在一般的饲料条件和调教好的情况下，没有逆毛和肮脏不堪的现象。

C. 母猪怀孕后举动轻缓，性情变得温驯，喜卧和休息，走路或跨沟缓慢谨慎，步态蹒跚。

D. 怀孕母猪的阴户紧闭或收缩，并有明显上翘。

③营养性因素

A. 饲料营养不足：一般说来，母猪配种后经一个发情周期（18～21 天）未表现发情或至 6 周后再观察仍无发情表现即说明已经妊娠。母猪妊娠营养障碍表现在死胎、木乃伊胎、畸形胎及产低活力仔猪等，其最主要的原因是妊娠期饲料中矿物质和维生素缺乏所致。因此，给母猪多喂优质骨粉和各种青饲料，常年保持青饲料不断是十分重要的。妊娠母猪的参考饲料配方：玉米 50％，豆饼（粕）15％，麦麸 8％，秣食豆、干草粉 15％，青贮料 10％，石粉或贝粉 1.5％，食盐 0.5％，此外可每 100 千克饲料加入矿物质添加剂 100 克、维生素 10 克。

B. 饲料质量太差：一些养殖户没有掌握母猪的科学饲养技术，特别是后备母猪、哺乳母猪、空怀母猪各饲养阶段所用的饲料质量达不到规定的标准，常常受传统饲养方法的影响。只顾省钱不顾后果，所用精粗饲料比例不当，造成母猪体质严重下降，使妊娠母猪表现钙磷缺乏症，食盐和微量元素缺乏症等症状，从而导致母猪流产和死胎的发生。

④疾病性因素

A. 引起繁殖障碍的疾病：患有传染性流产病，特别是猪的三大传染病。一是猪瘟，俗称"烂肠瘟"，是由猪瘟病毒引起的一种急性、热性、高度接触性传染病。以败血症和坏死性肠炎为特征。二是猪肺疫，俗称"锁喉风"，是由巴氏杆菌引起的急性、热性、出血性传染病，故又叫猪巴氏杆菌病或出血性败血病。临床上以败血症、咽喉炎或肺炎为特征，常与猪瘟、猪气喘病等同时并发。三是猪丹毒，俗称"打火印"，是由猪丹毒杆菌引起的急性、高热性传染病，其特征是急性型表现为败血症，亚急性型表现为皮肤上出现指压退色的紫红色方形或圆形疹块，慢性型发生心内膜炎和关节炎。因此，在防疫上万万不可掉以轻心，特别在春秋两季，要一丝不苟地搞好"三针"注射，即注射猪瘟、猪丹毒、猪肺疫疫苗，否则将严重地威胁母猪的生长发育，引起流产。

B. 寄生虫病：猪蛔虫病是由猪蛔虫寄生在体内而引起的一种寄生虫病，因其成虫寄生在小肠内剥夺营养物质，加上此病流行较普遍，严重地危害着猪的生长发育，甚至引起死亡。其临床症状从群体上看，普遍消瘦、被毛粗乱乃至发生异食癖。在饲养管理上要搞好卫生，定期驱虫，母猪产前3个月用药驱虫一次，防止引起流产。

C. 患有其他疾病：有些猪因感染了不致命的慢性疾病，导致猪只健康状况不佳、生长缓慢，严重影响母猪的正常生产，但往往不容易引起人们的注意，例如临床症状不明显的猪痢疾。

28. 怎样预防及治疗母猪化胎、死胎、流产、食仔现象？

母猪怀孕后受精卵即开始生长发育，母猪除了满足本身营养需要外，还要供给胚胎生长发育所需要的营养。怀孕期必须给母猪多喂蛋白质和微量元素、维生素、矿物质等丰富的饲料，并适当搭配青绿饲料，饲料品质一定要好，严禁饲喂发霉、腐败、变质、冰冻的饲料，饲料营养要全面，以免引起受精卵发育停止，以致发生化胎、死胎、流产、吃仔等病症。

（1）母猪化胎　发生在早期，不见任何东西排出而胚胎被子宫吸收。原因是缺乏胎儿发育所必需的营养物质，胚胎发育停止、或卵子质量不好、或未能适时配种卵子过于衰老，勉强受精，胚胎不能正常发育而死亡，被母体吸收。实践中，母猪化胎的防治措施有：

①母猪配种后，饲料中加入适量的维生素 E 粉，每千克加入亚硒酸钠维生素 E 粉 10 毫克。可添加 0.5％的植物油或 5％的大麦芽，还可口服或肌内注射亚硒酸钠维生素 E 200～500 毫克。

②配种后 7 天内注射孕酮保胎，每头注射孕酮 30 毫克，能增强子宫黏膜分泌机能，有利于胚胎附着，提高胚胎存活率，减少化胎。

③避免近亲配种，近亲繁殖因血缘关系近，要有计划地进行选配，一般一头公猪使用 1.5～2 年就应从外场引进公猪，不可与外场串换使用或交换精液。

④适时配种，母猪发情由极端兴奋转为比较安静，愿意接受公猪爬跨或平压母猪腰部、母猪呆立不动时配种最佳。为保险起见配种后 8～12 小时后再重复配种一次。

⑤倘若母猪患产道病，如阴道、子宫、输卵管有炎症，病原微生物侵袭影响胚胎发育，胚胎附着困难，必须先治疗产道疾病，治愈后再配种繁殖。

（2）母猪死胎　胎儿在怀孕期内死亡，主要原因是高度近亲繁殖；怀孕母猪的饲料营养不全，缺乏必要的优质蛋白质、矿物质和微量元素硒、维生素；孕母猪过肥或过瘦；长期便秘、饲料容积过大压迫胎儿等。实践中母猪死胎的防治措施有以下几种。

①避免近亲繁殖和无计划的近亲繁殖。

②给配种后母猪多喂含蛋白质和维生素、微量元素硒及其他矿物质丰富的饲料，常喂食盐（适量）、骨粉、贝壳粉等矿物质饲料，适当搭配少量带轻泻性的饲料，如麸皮、细糠等，防止母猪便秘。

③母猪分娩前 1.5～2 个月可按每千克体重喂维生素 B_{12} 2.5 毫克，每天 1 次，连用 5 天。

（3）母猪流产　当胎盘失去功能早于胎儿死亡时，就会发生流产。主要是猪多、互相拥挤、咬架、冲撞、鞭打、惊虾、追赶过急、上下坡滑倒；喂给霉烂、变质、有毒或有刺激性的饲料和饮冰水；突然变换饲料，吃得过饱，便秘或拉稀；生病以及怀孕期预防注射和治疗用药不当；病菌或毒素侵害胎盘或胎儿等。实践中，母猪流产的防治措施有：

①严禁母猪发情期配种过早或过晚，胎盘失去功能早于胎儿死亡，就会发生流产。

②受孕母猪要单独栏舍饲养，活动场所不宜拥挤，避免咬架、冲撞、鞭打、惊吓、追赶过急、上下坡滑倒。

③不宜喂发霉、腐败、变质、冰冻的饲料，饲料要营养全面。不突然改换饲料。不宜吃得过饱，防止便秘或拉稀。

④预防注射和生病母猪治疗用药要注意配伍。

⑤不喂酒糟、菜籽饼、棉籽饼、马铃薯、玉米秧、蓖麻叶、带黑斑病的甘薯和青贮饲料。

(4) 母猪吃仔 由于先天性恶癖，有口渴性吃仔、误食性吃仔，但主要由母猪怀孕期间饲料中缺乏蛋白质、矿物质、维生素、微量元素硒等所引起；或平日喂饲过多的肉类废物和动物性饲料，产后饮水不足，引起母猪食仔猪。实践中，防治母猪吃仔的措施有：

①母猪分娩后将仔猪移开，给母猪饮温盐水或喂稀粥状流体食料，母猪喝足吃饱后，再送仔猪到母猪身边吃奶。

②分娩后要及时清除母猪排泄出来的胎衣、羊水，并用草木灰消毒。

③怀孕后期供应母猪全价饲料，保证蛋白质、维生素和矿物质、微量元素硒等饲料供给。

④遗传性吃仔猪的母猪应及时淘汰。

29. 饲养妊娠母猪的任务是什么？

（1）保证胎儿在母体内顺利着床并正常发育，防止流产，提高配种分娩率；

（2）确保每窝都能生产尽可能多的、健壮的、生命力强的、初生重大的仔猪。

（3）保持母猪中上等体况，为哺乳期储备泌乳所需的营养物质。

30. 母猪淘汰的依据有哪些？

母猪不能满足繁殖需要时就要被淘汰。多项研究揭示了母猪淘汰的普遍规律、其中繁殖障碍是主要原因，其次是年龄老化、繁殖性能低下、运动障碍、死亡和泌乳问题等因素。淘汰措施因时间、地域、群体和胎次不同而出现差异。

（1）繁殖障碍　繁殖障碍包括多种情况：后备母猪不发情、断奶母猪不发情、定期或不定期反复发情、不孕、绝产和流产等。繁殖障碍是母猪被淘汰的主要原因，占淘汰总量的 13%～49%。青年母猪要比老龄母猪更容易因繁殖障碍而被淘汰。发情鉴定不准、过早配种、不适当的公猪刺激、发育不良的或过度利用的公猪配种、营养不良、传染病或中毒病、管理不当和环境太差都能导致青年母猪的繁殖障碍，使得淘汰率偏高。猪群中的老龄母猪经历了选择过程，不易发生繁殖障碍。

（2）年龄衰老　年龄老化是母猪被淘汰的第二个主要原因，占淘汰总量的 3%～33%，淘汰母猪的平均胎次为 7～9 胎。"年龄老化"和"生产性能低"有着密切的关系，因为老龄母猪的显著特点就是繁殖性能下降。年龄老化是相对的，有的畜主淘汰了 5～6 胎次的母猪。根据 Dijkhuizen 等推荐的模式，最经济的平均淘汰胎次是 10 胎。因为更新猪群、青年母猪窝产仔数少、产仔率低以及较长的空怀期浪费很多资金，所以 8 胎次之前就淘汰母猪是很不经济的。

（3）生产性能下降　分娩或断奶时仔猪数量少、断奶前死亡率高、仔猪初生体重小或断奶体重小都属于生产性能下降。因繁殖性能下降所致的淘汰数量占淘汰总量的 4%～21%，在常见的淘汰原因中占第二或第三位。从经济上考虑，即使初产母猪的仔猪数低于平均数的 50%，也不应该被淘汰。母猪产仔率低的重复性相当低，仅根据上一胎的产仔数推断下一胎的数量是不科学的。母猪不能因为产仔率低而在三胎之前就被过早淘汰。

（4）**运动障碍** 运动障碍包括骨软骨病、骨关节病、骨软化症、关节炎、弱腿症、后躯麻痹、腐蹄症、蹄和腿部受伤和骨折等。骨软骨病、传染性关节炎和蹄部损伤是造成跛行的主要原因。运动障碍所致的淘汰数量占淘汰总量的 9%～20%，母猪由于运动障碍而被淘汰意味着高额的经济损失。

（5）**泌乳问题** 泌乳问题包括乳房炎、不泌乳、泌乳量少及哺乳能力低下等。这些问题与生产性能下降有关，如泌乳量不足会影响仔猪断奶体重和断奶仔猪的死亡率。由这类原因淘汰的母猪数量占淘汰总量的 1%～15%。

31. 母猪妊娠期间有哪些特点？胎儿发育规律是什么？

早期确定母猪妊娠，便于加强饲养管理，越早确定妊娠对生产越有利。母猪妊娠后性情温驯，喜安静，贪睡，食量增加，容易上膘，皮毛光亮和阴户收缩。一般来说母猪配种后，过一个发情周期没有发情表现说明已妊娠，到第二个发情期仍不发情就能确定是妊娠了。

（1）**母猪妊娠期生理特点** 母猪妊娠后新陈代谢旺盛，饲料利用率提高，蛋白质的合成增强，青年母猪自身的生长加快。试验报道，给妊娠母猪和空怀母猪吃相同数量的同一种饲料，妊娠母猪产仔后比空怀母猪多增重 1.5 千克左右。妊娠前期胎儿发育缓慢，母猪增重较快；妊娠后期胎儿发育快营养需要多，而母猪消化系统受到挤压，采食量增加不多，母猪增重减慢。妊娠期母猪营养不良胎儿发育不好；营养过剩，腹腔沉积脂肪过多，容易发生死胎或产出弱仔。

（2）**代谢活动增强** 母猪妊娠后因内分泌活动增强，从而使机体的物质和能量代谢显著增高。试验证明，母猪妊娠的第 3 个月代谢率较妊娠前提高 25%，而至第 4 个月可提高 30% 以上。妊娠母猪由于代谢率较高，致使同化作用增强，故即使在饲养水平相同的条件下，妊娠母猪体内的营养积蓄也比妊娠前多。

（3）**体重增加** 母猪妊娠后体重的增加十分显著，据测定，妊娠期间母猪体重平均增加 40.5%，妊娠前两个月增重占总增重的 48.8%，妊娠后两个月占 51.2%。母猪所增加的体重是由体组织、胎儿、子宫及其内容物等构成。

①体组织的增重：妊娠母猪对饲料营养物质的利用效率明显提高，故能在体内沉积较多的营养物质，以备产后泌乳之需。母猪在产后初期从日粮获取的营养物质难以满足泌乳的营养需要，因而需要动用体内贮备的营养物质，为此需在妊娠期间有所贮备。根据试验测定，母猪体组织内营养物质的沉积量超过胎儿重量的 1.5～2 倍或以上。

②胎儿的增重：母猪在妊娠过程中，胎儿的生长发育是不平衡的。妊娠第一个月胎儿发育缓慢，第二个月逐渐加快，第三个月显著加快，第四个月最快。因此在饲养管理上，对妊娠后期的母猪应特别注意蛋白质和矿物质的供给。当母猪采食的饲料蛋白质和矿物质不足时，将会动用自身组织的贮备以供胎儿发育的需要，从而导致母猪体重下降，骨组织疏松以及体况下降等。

③子宫及胎膜和胎水的增重：母猪在妊娠期间其子宫、胎膜和胎水增长十分迅速。随着胎儿的发育，子宫的肌肉纤维不断增生，结缔组织和血管相应扩大，从而使子宫的形态和重量发生变化。与此同时，胎膜和胎水的重量也明显增加。据测定，未妊娠的母猪其子宫重约 0.2 千克，而妊娠末期母猪的子宫重可达 2.9 千克，胎膜和胎水重分别达 2.1 千克和 1.4 千克。

(4) 胎儿发育规律　卵子在输卵管受精后，受精卵沿着输卵管向两侧子宫角移动，附植在子宫黏膜上，在它周围逐渐形成胎盘，母体通过胎盘向胎儿供应营养。妊娠前期胎儿生长缓慢，各器官形成；妊娠后期胎儿生长很快。猪的妊娠期平均 114 天（108～120 天），妊娠 1～90 天胎儿重 550 克，而后 24 天增重很快，胎儿重可达 1 300～1 500 克。不同胎龄胚胎的化学组成不同，随胎龄的增加，胚胎中水分降低、干物质增加，粗蛋白质和矿物质也相应增加。

32. 母猪妊娠期的管理措施有哪些？

断奶后的母猪体质瘦弱，在配种后 20 天内应给母猪加强营养，使母猪迅速恢复体况。这个时期也正是胎盘形成时期，胚胎需要的营养虽不多，但各种营养素要平衡，最好供给全价配合饲料。自配饲料的猪场除给母猪适当混合精料外，应注意维生素和矿物质的供给。妊娠20天后母猪体况已经恢复，而且食欲增加、代谢旺盛，在日粮中可适当增加一些青饲料、优质粗饲料和糟渣类饲料。妊娠后期胎儿发育很快，为了保证胎儿迅速生长的需要，生产初生体重大、生命力强的仔猪，就需要供给母猪较多的营养，增加精料量，减少青饲料或糟渣饲料。妊娠母猪应限饲，饲喂量应控制在2.0～2.5千克/天。要改变传统养猪观念，利用母猪在妊娠期食欲好、代谢旺盛、饲料利用率高的特点，给妊娠母猪多吃饲料贮存营养，到产后泌乳时再将体内营养转为奶供给仔猪，就是饲料-体脂-奶模式。从饲料到母奶要经过两次转换，饲料利用率低。从研究结果看：妊娠期母猪的营养只要满足维持需要＋母猪生长需要（青年母猪）＋胎儿需要就够了。但妊娠期母猪采食量也不能过多，采食量过多泌乳期的采食量下降，母猪失重增加。妊娠期营养过剩，母猪过肥，腹腔内特别是子宫周围沉积脂肪过多，会影响胎儿生长发育，产生死胎或弱仔猪。也不能给母猪喂量过少造成营养不良，身体消瘦，对胚胎发育和产后泌乳都有不良影响。

（1）限制饲喂 成功饲喂母猪的关键在于坚持妊娠期限制饲喂、哺乳期充分饲喂。生产实践中，在环境条件适宜、没有严重寄生虫病侵扰的情况下，一般母猪妊娠阶段每天投喂饲料2.0～2.5千克即可满足需要。限制妊娠期母猪的饲料采食量会防止母猪体重的损失，有助于延长母猪的繁殖寿命。

（2）管理方式 一般情况下，将妊娠母猪分为三个阶段进行管理：即怀孕早期、怀孕后期和围产期。

①怀孕早期：为配种到妊娠80天，采取限食饲养，减少胚胎早期发育死亡，一般投料1.8～2.5千克/天。

②怀孕后期：妊娠80～105天，采取限食，适当增加饲料投喂量。这是妊娠的后1/3时期，母猪胎儿的生长率呈指数级增长，采食量不足会导致母猪分娩时处于分解代谢的状态中，使母猪产后分解自身的体组织，泌乳期采食量下降。如果在此阶段增加饲料投喂量可避免这一问题，还能增加仔猪的初生重、提高仔猪的成活率，一般母猪

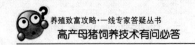

投喂量为 2.5～3.0 千克/天。

③围产期：产前 1 周即妊娠 105 天到分娩，此阶段是母猪体内胎儿增重的关键时期，亦是母猪乳房发育时期，增加饲料营养浓度，饲养好此阶段母猪，对降低出生仔猪的死亡率、提高仔猪初生重，提高泌乳母猪初乳量及品质、采食量、缩短返情期、提高多胎率具有重要作用。在实践中，实行自由采食，可较好地解决产仔时间过长、分娩后初乳延迟及无乳、出生后仔猪下痢、出生仔猪死亡率高等问题。

33. 妊娠母猪有哪些营养需要？

妊娠从配种开始至分娩结束。要控制妊娠母猪适宜的营养水平。我国饲养标准规定，妊娠前期（怀孕后前 80 天）的母猪体重为 90～120 千克时，日采食配合饲料量为 1.7 千克，体重 120～150 千克日采食量为 1.9 千克，体重 150 千克以上日采食量为 2 千克。妊娠后期（产前 1 个月）体重在 90～120 千克、120～150 千克、150 千克以上，日采食配合饲料分别为 2.2 千克、2.4 千克和 2.5 千克。日粮营养水平为消化能 11.7～12.6 兆焦/千克，粗蛋白 12%～13%，赖氨酸 0.4%～0.5%，钙 0.6%，磷 0.5%。另外，除了喂配合饲料外，为使母猪有饱感和补充维生素，最好搭配品种优良的青绿饲料或粗饲料。

(1) 能量 妊娠期母猪的能量需要包括维持和增长两部分，增长又分母体增长和繁殖增长。很多报道认为妊娠增长为 45 千克，其中母体增长 25 千克、繁殖增长（胎儿、胎衣、胎水、子宫和乳房组织）20 千克。中等体重（140 千克）妊娠母猪维持需要消化能 21 兆焦/日，母体增长 25 千克，平均日增 219 克，据估算每千克增重需消化能 21 兆焦，219 克增重需消化能 4.7 兆焦。繁殖增长日增 175 克，约需消化能 1.15 兆焦。以此推算，妊娠前期根据不同体重每日需要 18.9～23.1 兆焦消化能，妊娠后期每日需要消化能 25.2～29.4 兆焦。

(2) 粗蛋白 蛋白质对胚胎发育和母猪增重都十分重要。母猪妊娠前期需要粗蛋白质 176～220 克/天，妊娠后期需要粗蛋白质 260～

300 克/天。饲料中粗蛋白质水平为 12%。蛋白质的利用率决定于必需氨基酸的平衡。

(3) 钙、磷和食盐　钙和磷对妊娠母猪非常重要，可保证胎儿骨骼生长和防止母猪产后瘫痪。母猪妊娠前期需钙 10～12 克/天、磷 8～10 克/天，妊娠后期需钙 13～15 克/天、磷 10～12 克/天。碳酸钙和石粉可补充钙的不足，磷酸盐或骨粉可补充磷。使用磷酸盐时应测定氟的含量，氟的含量不能超过 0.18%。饲料中食盐为 0.3%，可补充钠和氯、维持体液平衡并提高适口性。其他微量元素和维生素的需要由预混料中提供。

根据妊娠母猪的不同特点采取相应的供料体系和营养计划。对于断奶后体瘦的经产母猪，采取抓两头、顾中间的供料体系和营养计划。经过分娩和哺乳期后的母猪体力消耗较大、体质较差，为了能更好地担负起下一阶段的繁殖任务，须在妊娠初期加强营养，迅速恢复繁殖体况。这个时期（包括配种的前 10 天，共计约 1 个月）应加强营养，加大精料供给，特别是含蛋白质高的饲料。母猪体况恢复后，逐渐降低营养水平，按饲养标准饲养，以青粗饲料为主，至妊娠 80 天加喂精料来加强营养。形成高-中-高的供料体系及营养计划，后期的营养水平应高于前期。

在实际生产中，妊娠母猪的饲粮组合有精料型和青粗料型两种类型。精料型饲料由谷实、饼粕、糠麸、草粉、矿物质饲料、微量元素添加剂和复合维生素添加剂等组成。喂量可根据母猪体重、气候条件灵活掌握，以保证母猪具有不肥不瘦的种用体况。根据上述要求，现以丹麦长白猪妊娠期饲粮配方为例（表 2），介绍如下。

表 2　丹麦长白猪妊娠期饲粮配方

饲料种类	高能蛋白质	中能蛋白质	低能蛋白质
玉米（%）	54.0	51.0	45.0
大麦（%）	14.0	16.5	11.0
豆饼（%）	9.0	6.0	2.0
高粱（%）	—	—	5.0
麸皮（%）	10.0	6.5	9.0

（续）

饲料种类	高能蛋白质	中能蛋白质	低能蛋白质
草粉（％）	6.5	15.0	25.0
鱼粉（％）	6.0	3.5	2.0
食盐（％）	0.5	0.5	1.0
贝壳粉（％）	—	1.0	—
消化能（兆焦/千克）	12.80	11.84	10.92
粗蛋白（％）	15.83	13.04	10.67
钙（％）	0.75	0.68	0.62
磷（％）	0.63	0.50	0.48

如果青饲料、青贮料、糟渣类饲料丰富，再适当搭配精料，按妊娠母猪的饲养标准配合成青粗饲料型饲粮饲喂妊娠母猪，可以节省精料、降低饲养成本。

对于初产母猪和哺乳期配种的母猪，采取步步登高的供料计划。特别对于初产母猪，身体还处在生长发育阶段，营养需要量较大，更需采用此计划。哺乳母猪因繁殖任务重，营养需要量也很大，因此营养水平应根据胎儿的体重增长而提高，至分娩前1个月达最高峰。一般，妊娠初期的营养水平可以低一些，以青粗饲料为主；而后逐渐增加精料比例，尤其是蛋白质和矿物质饲料的供给，提高营养水平；至产前3～5天，减少日粮10％～20％，以便母猪正常分娩。

对于配种前体况良好的经产母猪，采取前低后高的营养计划。妊娠初期胎儿小，母猪膘情好，按照配种前的营养供给基本可以满足胎儿生长发育所需营养。妊娠后期胎儿生长发育快、营养物质需要多，要提高母猪日粮的营养水平。

母猪饲料要注意卫生、保证质量，不可用发霉、变质、冰冻、有毒性和强烈刺激性的饲料，否则易引起流产、死胎和弱胎。不宜频繁变换饲料，这对妊娠母猪也是不利的。此外，妊娠母猪代谢强、食欲好，可以多用营养全面的青粗饲料，降低饲养成本。但青粗饲料水分高、体积大，而妊娠母猪的胃肠容积又有限；同时，青粗饲料的粗纤维含量高、适口性差，又与妊娠母猪的生理特点及营养需要相矛盾，因此应注意青粗饲料的加工调制并控制饲喂次数。

34. 怎样搭配不同妊娠阶段母猪的营养？

（1）**妊娠前期**（配种后的1个月以内）　这个阶段胚胎几乎不需要额外营养，但有两个死亡高峰，饲料饲喂量相对应少、质量要求高，一般喂给1.5～2.0千克的妊娠母猪料，饲粮营养水平为：消化能12 390～12 600千焦/千克，粗蛋白14%～15%，青粗饲料给量不可过高，不可喂发霉、变质和有毒的饲料。

（2）**妊娠中期**（妊娠的第31～84天）　喂给1.8～2.5千克妊娠母猪料，具体喂料量依母猪体况决定，可以大量喂食青绿多汁饲料，但一定要给母猪吃饱，防止便秘。严防给料过多，导致母猪肥胖。

（3）**妊娠后期**（临产前1个月）　这一阶段胎儿发育迅速，同时又要为哺乳期蓄积养分，母猪营养需要高，可以供给2.5～3.0千克的哺乳母猪料。此阶段应相对地减少青绿多汁饲料或青贮料。在产前5～7天要逐渐减少饲料喂量，直到产仔当天停喂饲料。哺乳母猪料营养水平：消化能12 810～13 230千焦/千克，粗蛋白16%～17%。

35. 猪对部分微量矿物质的需要量是多少？超量中毒表现哪些症状？

绝大多数猪的配合饲料中均添加有适量微量元素。但有些养殖户会有意超量添加一些微量矿物质，主要包括铜（Cu）、硒（Se），偶尔有铁（Fe）和锌（Zn）。这些矿物质浓缩预混料的使用增加了意外饲喂高浓度、潜在中毒量元素的危险性。

（1）**铜**　猪日粮中铜的需要量为5～6毫克/千克，最大耐受量约250毫克/千克；含量在300～500毫克/千克可引起猪生长减缓和贫血。猪对铜的耐受力与日粮中铁、锌、钼和硫酸盐的含量呈正相关。如果同时补充铁750毫克/千克和锌500毫克/千克，猪食入750毫克/千克铜后仍表现正常。猪铜中毒可出现黄疸、贫血、血红蛋白尿和肾炎，并有伴发溶血的危险。

(2) **铁** 猪日粮中铁的推荐量为 40～150 毫克/千克，幼猪需要量更高。元素铁和铁氧化物相对无毒，而铁盐的毒性较大。采食超量的铁盐会导致猪采食量和增重下降，甚至引起胃肠炎，继而两天内发生虚脱和死亡。给猪超量注射右旋糖酐铁可引起中毒，表现为心血管源性休克，给药后数小时内死亡。

(3) **硒** 猪日粮中硒的推荐量为 0.1～0.3 毫克/千克。以硒酸盐或亚硒酸盐形式添加硒，其允许添加量为 0.3 毫克/千克。当给生长猪饲喂 5～8 毫克/千克硒时，表现厌食、脱毛、蹄壳从冠状沟处开裂，肝、肾组织退行性病变。给种母猪饲喂 10 毫克/千克硒可引起妊娠期延长和产出死胎或弱仔。含有不同浓度硒的注射剂现在可以用来治疗或预防缺硒引起的疾病。但当误用高浓度制剂或错误计算推荐剂量而导致超剂量用药时，死亡率可达 100%。注射用硒的最小致死剂量约为每千克体重 0.9 毫克，硒缺乏猪更易中毒。超剂量应用硒后，在 24 小时内猪表现软弱和进行性呼吸困难，继而发展为不规则性喘息并死亡。

(4) **锌** 根据不同猪日龄、性别、生长阶段及其他因素，猪日粮中锌的推荐量为 50～100 毫克/千克，幼猪需要量更高。浓度为 2 000 毫克/千克的锌可导致猪生长抑制、关节炎、肌内出血、胃炎和肠炎。最大耐受量可能低于 300 毫克/千克，这可能是因为高浓度锌盐对猪的适口性差。饲喂猪 268 毫克/千克锌可出现关节炎、骨和软骨变形、内出血。锌可竞争性抑制铁、钙和铜的吸收。除了日粮补充外，锌的摄入量可通过电镀管、铜或塑料管饮水而增加。

36. 母猪配种后管理应注意哪些事项?

(1) 在配种后 7 天内给母猪喂料量只有每头 1.6～1.8 千克/天，因为配种期的 3 天内母猪食欲比较差，3～7 天也不能喂得过多，这段时间如果喂得过多会导致母猪子宫内环境温度较高，对受精卵的成活十分不利，直接导致产仔数下降。

(2) 在配种后 8～85 天内给母猪喂料量为每头 2～2.5 千克/天，此阶段是用于生长和肌体储备的恢复。母猪在妊娠前 65 天完全恢复体况做好储备可提高仔猪初生重。

（3）在妊娠后期即 86～107 天应增加母猪饲喂量，可增加仔猪的初生重，提高仔猪的成活率。仔猪初生重的 60%～70% 都是在这一阶段快速生长的，因此对产前 4 周的妊娠母猪应加强营养，促进胎儿快速生长，并为产乳作一些储备。若采食量不足会导致母猪分娩时处于分解代谢的状态，使母猪产后分解自身的体组织，从而导致泌乳期采食量下降。

（4）在妊娠 108 天母猪转进产房后饲喂哺乳母猪料。

（5）在妊娠前 28 天尤其是 7～21 天，一定要避免造成母猪身体或生理上任何形式的应激，包括混群、转移、日晒、更换日粮等。

（6）根据母猪体况饲喂，防止过肥或过瘦。对于体况较瘦的经产母猪，从断奶到配种前可增加喂食量，提高日粮中能量和蛋白质水平，以尽快恢复繁殖体况，使母猪正常发情配种。

（7）妊娠期日粮中无论是精料还是粗料，都要特别注意品质，不喂发霉、变质饲料，否则会引起流产，造成损失。

（8）每头母猪栏内的饮水器的出水量应不少于 1.5 升/分钟。如果没有饮水器，应保证料槽内 24 小时供水。

（9）产前适当限料，尤其是产仔当天要喂少量料，以减少乳房炎和粪尿污染，保证乳腺不过早泌乳，保证乳房柔软。产仔后母猪体内的激素可刺激泌乳，所以泌乳头几天不必增加饲喂量。

注意：夏季因气温较高，猪采食量下降，饲料营养浓度应提高。而且夏天中午应有专人对猪群尤其是怀孕后期母猪进行巡视，防止热应激死亡。如气温上升到 30℃ 以上（通常在每年 6 月下旬至 8 月），妊娠后期母猪日粮减少 20%，妊娠晚期母猪（108 天至产仔）的饲喂量在夏季不能减少。

37. 如何进行妊娠母猪诱导分娩？

诱导分娩最早只能在预产期前 2 天进行。在计算妊娠期时应从最后一次交配的时间开始，此时最接近受精时间。在囊胚期猪的肺脏发育呈指数式增长，妊娠 100 天时胎儿还没有形成肺泡，但到 113～

117天时肺已经发育完全了。因此，在分娩时间的选择上，即使是一个小的错误也有可能导致仔猪肺脏发育不完全。若时间选择正确，则仔猪的存活率一般不会很低。诱导分娩的母猪其初乳的脂肪含量可能偏低，但免疫球蛋白的含量不受影响。

可以使用 $PGF_{2\alpha}$ 或类似物进行诱导分娩，但从开始用药到分娩之间的间隔时间会有变化。在注射后的第二天，仅有 $50\%\sim60\%$ 的母猪会出现分娩。外阴部仅需注射 50% 甚至是 25% 的肌内注射量，即可达到肌内注射的效果。生殖道血管丰富，注射低剂量的 $PGF_{2\alpha}$ 也可以达到局部的高浓度，而且可以降低肺部的首过效应。但若在外阴、皮肤结合处注射，母猪的耐受性较强，此时需要选择 20×0.5 英寸[*]甚至更小的针头。

在注射 $PGF_{2\alpha}$ 后 $20\sim24$ 小时注射催产素可以促进更快的同步分娩，但也可能导致分娩中断，此时就需要人工助产。催产素可以促进子宫收缩，导致脐带受损，引起胎儿缺氧，所以很多仔猪在出生时被胎粪污染。除了在分娩过慢时进行治疗性用药，一般不建议在分娩时使用催产素。有一种提高分娩预测准确性的方法是将 $PGF_{2\alpha}$ 总用量分两次注射，早上注射一次，$6\sim8$ 小时后再注射一次。用此方法诱导分娩，84% 的母猪在第二天即出现分娩。

38. 如何选择猪场饮水器？

提供优质足量的饮水对猪场生产至关重要。自动饮水器是猪场必不可少的设备，饮水器的好坏直接影响着猪只的饮水是否正常，也影响猪场生产效益。

猪场常用自动饮水器有鸭嘴式、乳头式和碗（杯）式三种，目前鸭嘴式饮水器在猪场比较常见，碗（杯）式和乳头式自动饮水器相对较少，但三者相比较皆有其优势和不足之处（表3）。鸭嘴式饮水器的安装角度有水平和45°两种，乳头式饮水器一般与地面成 $45°\sim75°$ 倾角。自动饮水器的安装高度依据猪体高而定，哺乳仔猪 $15\sim25$ 厘米，保育

---

[*] 英寸为非法定计量单位，1英寸＝2.54厘米。

猪 25~30 厘米，生长育肥猪 50~60 厘米，成年猪 75~85 厘米。

表 3　猪场常用自动饮水器的优缺点

类型	优点	缺点
鸭嘴式	安装更换方便，形状适合猪含入口中	易损坏
乳头式	安装更换方便，不易被咬坏	浪费水，出水难
碗杯式	密闭性好，节约用水，耐用	成本高，杂质多

猪场的鸭嘴式自动饮水器问题相对突出，例如，安装在栏舍较广阔的位置常常划伤猪只身体，安装在角落但角度不对会增加猪只饮水难度，有时自动饮水器堵塞导致水嘴流量不足，饮水器松动后方向被扭转猪只难以够着等问题。另外，有的猪只在夏季较热时会"玩水"冲凉，虽然不饮水，但依然习惯用嘴巴咬着饮水器，冒出的水撒到身体后降温，这会造成饮水器过度磨损，使用寿命大大缩短，还加大了水资源的浪费，并使得圈舍不干燥、地面打滑，容易造成猪腿蹄部受伤。

碗（杯）式饮水器是由一个垂直向下的乳头饮水器外加一个不锈钢"碗"构成，猪只需要饮水时将嘴巴伸入"碗"中，触碰乳头式开关后水会流到"碗"中。碗式饮水器不仅饮水方便，且能节约用水，保持圈舍的干燥，也可保护猪只不受水龙头的划伤，但增加了猪场建设费用。养猪生产中水是一种常被忽视的营养，不管猪场采取哪种类型的自动饮水器，必须要保持良好的供水状态，这样才可促进猪群健康、提高养猪利润。猪场在选择水源时要确保清洁，避免造成饮水器的水管堵塞。安装饮水器时要充分考虑猪只的情况，最大限度地让其饮水简单方便。平时多注意巡查饮水器的使用状态，发现有损坏等问题及时修理更换，以免影响猪群的正常饮水。

39. 炎热季节妊娠母猪为何易流产？

受精后早期胚胎附着初期还没形成胎盘，缺乏保护，此时母猪对外界的刺激极为敏感。高温带来的热应激严重影响母猪的坐胎率、胚胎死亡率及流产率。母猪妊娠初期的 8 天内和胚胎附着期的 11~20

天内最怕热，哪怕只有 24 小时的高热，也会导致胚胎的早期死亡。而到 100 天的怀孕后期又处于最怕热的敏感期。妊娠期若母猪长时间受到热辐射和高温传导刺激，会体温升高，靠体温调节中枢也难以维持自身的热平衡，使猪的生理发生一系列病理变化，这种热应激会抑制促黄体生成素和孕酮的分泌，最终导致母猪流产。所以，母猪妊娠初的 20 天和妊娠后期的 30 天都是死胎和流产的危险期，而最危险的是妊娠后的 18 天内。因此要在母猪妊娠的敏感期，加强防暑和降温，以保证孕猪的安全生产。

40. 炎热的夏季怎样为妊娠母猪提供凉爽的环境？

立夏后天气炎热，要在屋顶加隔热性能好的草帘等材料，以隔断太阳的热辐射，可降低 40％以上的辐射热。气温 30℃以上的中午可向屋顶喷水降温（石棉瓦），舍内除打开南北门窗通风，再用排风扇加大空气对流，可带走猪体热量，使猪感觉凉快。必要时用冷水喷雾降温或湿帘降温。舍温达到 35℃以上时，可用冷水淋浴猪身，也可配合刷拭猪体。天再热时，应增加淋浴和刷拭猪体的次数，保持母猪体不过热。

天太热时尤其风量小的闷热天气，应把妊娠母猪赶到树荫下运动场，没有大树可搭盖隔热性能好的凉棚，有接受四面来风的"凉亭"效应，可降低 30％以上的辐射热。

猪场内多栽树种草，覆盖地面，形成凉爽的小气候环境。猪舍内要勤除粪便，既能消除污染又保持猪舍卫生，以免发酵产热提高舍温。

41. 如何做好妊娠母猪的夏季饲养？

热天饲养妊娠母猪应把注意力集中于妊娠最初的 8 天内，这一阶段是受精卵着床和形成胎盘的阶段。在母猪妊娠的 20 天内和产前 30 天内，要加强营养，提高营养水平，满足蛋白质、维生素、矿物质和微量元素的营养需要。到妊娠后期，不仅要满足母猪的营养水平，还要满足数量要求，精料每日可加喂到 2.5 千克，以满足胎儿快速生长的需要，提高初生重。母猪因热不喜进食，可合理安排喂料时间，增加喂料次数，提高采食量。除正常喂饲外，要在气温下降的一早一晚冷凉时，适当加大喂量，一早一晚。猪可采食全天喂料量的 65％ 以上。同时，要多喂含纤维质少的青饲料，不喂含纤维质多的粗饲料及米糠等饲料，以免增加体增热对猪的危害。能量不够时，可加喂油脂 3％～5％，其含热能高但体增热少，既可增加能量饲料，又有降低热应激的效果。夏季天热，猪渴欲增加，饮水量大，应大量供给清洁饮水，让猪自由饮用，有助于饲料的消化。妊娠后期，消除机械性刺激，防止母猪急转弯、滑跌、拥挤、跑跳。切忌打猪、追赶、惊吓，以免造成母猪流产。为确保胎儿正常发育，避免化胎、死胎或流产，应在母猪妊娠后 2 天内注射 2 毫升黄体酮，可有效保证胎儿的成活率。对有慢性流产毛病的猪，怀孕后 2 个月可肌内注射黄体酮注射液，每隔 1 周用药一次，连用 3 次为一个疗程。母猪临产前 3 天，每日的日粮中加喂维生素 C 1 克，防止母猪产后出血引起的憋死现象。

42. 如何做好妊娠母猪免疫工作？

（1）猪乙型脑炎 应用猪乙型脑炎活疫苗 1 头份，临用前用 PBS 液（磷酸缓冲液）或生理盐水 1 毫升稀释后肌内注射。注射时间在每年 3～4 月蚊子尚未活动时进行，南方最迟不超过 5 月上旬，北方最迟不超过 5 月下旬。一般接种一次即可，在怀孕早期可以补接种，但必须用 2 头份剂量注射。

（2）猪细小病毒病 应用猪细小病毒活疫苗 1 头份，临用时用猪细小病毒稀释液（PBS）或生理盐水 1 毫升稀释后肌内注射，过半月再接种 1 次。注射时间为配种前 1 个月或者与乙型脑炎活疫苗同时分点注射。注意本疫苗必须于配种前注射，配种后注射无效。

（3）猪瘟 哺乳仔猪断乳后对经产母猪实施猪瘟免疫接种，可用猪瘟细胞活疫苗或猪瘟、猪丹毒活疫苗 4 头份，用生理盐水或 0.2％ 亚硒酸钠 2 毫升稀释后肌内注射，这是注射活疫苗最适时期。现已不采用春秋两季免疫接种法，因为怀孕期注射猪瘟后，弱毒猪瘟病毒可通过胎盘进入胎儿体内，可导致胎儿带毒，发生新生仔猪猪瘟或向外界排毒，污染环境。

(4) 猪丹毒 每年接种两次，临床上常与猪瘟同时接种，可用猪丹毒活疫苗免疫接种。

(5) 猪肺疫 应用猪肺疫活疫苗1头份，20%氢氧化铝胶液1毫升稀释后肌内或皮下注射，免疫期为6个月。也可用猪肺疫氢氧化铝甲醛灭活苗5毫升皮下注射。

(6) 仔猪黄、白痢 应用猪大肠杆菌 K88、K99、9878、F41 四联苗2毫升或大肠杆菌 K88、K99 工程苗1头份，用生理盐水2毫升稀释后，给分娩前21天左右的怀孕母猪肌内注射。如发病严重的猪场，可在分娩前21天和14天各注射1头份，能有效地防止新生仔猪黄痢的发生。虽不能完全控制白痢的发生，但有降低其发病率和缓解病情的效果。

(7) 仔猪红痢（又称 C 型魏氏梭菌病） 应用猪红痢氢氧化铝菌苗给怀孕母猪肌内注射。初产母猪注射两次，第一次在分娩前45天，第二次在分娩前15天，剂量为5毫升。经产母猪如在前一二胎已两次注射过此菌苗，只要在分娩前15天注射一次即可有效地控制本病的发生。

(8) 猪链球菌病 应用猪链球菌活疫苗4头份，临用时用生理盐水2毫升稀释后给怀孕母猪肌内注射，注射时间为产前1个月，注射后7天产生免疫力，可持续9个月，能有效地预防哺乳仔猪发病，也可防止母猪链球菌病。

(9) 猪伪狂犬病 应用伪狂犬病活疫苗2头份，用生理盐水2毫升稀释后肌内注射。注射时间为配种前或怀孕早期。可防止怀孕母猪由于感染伪狂犬病毒引起的流产、早产、死胎、木乃伊胎的发生。如为了防止哺乳仔猪发病，可在产前1个月时再肌内注射一次，仔猪可从乳汁中得到抗伪狂犬病免疫抗体，持续3～4周。

(10) 猪萎缩性鼻炎 应用猪败血性波氏杆菌-D 型巴氏杆菌佐剂灭活苗1毫升皮下注射，注射时间为产前2个月和1个月各皮下注射一次，以后每年注射一次，在发病场每年必须注射两次。

（11）猪病毒性腹泻症-传染性胃肠炎　应用猪病毒性腹泻-传染性胃肠炎油佐剂活苗 3 毫升于交巢穴给产前 1 个月猪注射（又名后海穴，位于肛门与尾巴之间的凹陷处），注射时间为每年 12 月份至次年 3 月份气候寒冷季节，可有效地防止母猪和哺乳仔猪发病（乳汁中有免疫抗体）。

（12）猪口蹄疫病　应用猪Ⅱ型口蹄疫灭活苗 3 毫升肌内注射，每年 2 次，注射时间为断乳后的空怀期。

43.　妊娠母猪舍饲喂系统的可选方案有哪些？

（1）母猪电子饲喂（ESF）系统　40～65 头一群的母猪可由计算机控制饲喂。通过这种系统可以控制母猪个体的采食量，并且一定程度减少攻击行为。但母猪需要排队采食，这个过程中常出现咬阴户的情况。建议尽量维持母猪群组成的稳定，避免不断转入、转出母猪。

（2）饲喂栏　这种系统当中，母猪可在群体栏中自由活动，但必须到个体饲喂栏中才能采食饲料，可减少由于采食竞争而引起的攻击行为。饲喂栏有带锁的（其中又有自动锁和手动锁的）和不带锁的。饲喂栏的长度可覆盖母猪全部体长，也可只到肩部。可以给每个群体栏设置独立的饲喂区，也可以把不同群体栏的饲喂区设置在一起，彼此隔离。喂料时可以一次性添加，也可以持续 15～30 分钟连续添加。对于不带锁的饲喂栏，持续添料可进一步减少猪只攻击行为。

（3）地面投料　这种饲喂系统当中的攻击行为和伤害事件最频繁。体型大的、厉害的母猪会把体型小的母猪挤开，采食更多的饲料，使得个体体重差异增大。可在栏内选多个位置分散投放饲料，这样可以减轻体重差异问题，但无法彻底解决。

（4）料槽　在群体栏中安置若干料槽，通过料管将饲料输送到料槽当中。这种系统如果料位不够也会引发攻击行为和伤害事件。和地面投料的情况类似，也存在体重差异问题。

母猪舍的问题短期内还将继续存在，对于不同猪舍系统之间的管

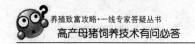

理和经济学区别还需要进一步研究。显然，不管采取什么样的畜舍系统，饲喂系统的设计和管理都是饲养成功的关键。抓住重点，了解各种可选方案，可以帮助我们更好地对猪舍系统进行调整。

44. 电子饲喂站群养妊娠母猪与传统限位栏饲养各有什么优劣?

母猪智能化精确饲喂系统是由电脑软件系统作为控制中心，有一台或者多台电子饲喂站（简称 G 站）作为控制终端，由众多的读取感应传感器为电脑提供数据，同时根据母猪饲喂的科学运算公式和饲喂情况，由电脑软件系统对数据进行运算处理，算出当天的采食量；处理后指令饲喂器的机电部分进行工作，根据当天的采食量，分量分时间传输给饲喂设备自动给料，以此做到对母猪的数据管理及精确饲喂管理。饲喂流程大致为：佩戴电子耳标的母猪→接近或进入智能化母猪群养电子饲喂站（G 站）→G 站自动识别母猪耳标并判断是否放行→未饲喂的母猪进入 G 站并根据母猪体况精确投料饲喂母猪→系统检测母猪体温、体重、怀孕天数等生理指标并将信息上传到控制中心。

传统的限位栏将妊娠母猪限定于小范围栏舍内饲养，直到分娩前转移至产房。限位栏减少了妊娠母猪的活动范围，能够节约饲养面积，也减少了母猪间接触争斗从而降低了受伤、流产的风险，但在饲养过程中尤其是母猪在饲喂前由于强烈的采食动机会出现咬栏、吼叫、爬栏、躁动等应激行为。传统限位栏中饲养的母猪比电子饲喂站中的群饲母猪表现出更多的刻板行为和更少的社交行为。

智能化群饲母猪所处空间相对较大，运动较为频繁，充足的运动一定程度上可以减少应激，提高母猪舒适度，减少站立时间，可以提高母猪的发情率和受胎率。但相比于限位栏母猪，群饲母猪倾向于表达更多的争斗行为，尤其是刚混群时，母猪在争斗中容易受伤、影响采食、甚至发生跛足，严重者会流产甚至淘汰。

母猪在进入电子饲喂站群养前需要 5 天左右的调教期，使其熟悉并适应电子饲喂系统，这需要投入专门的技术人员进行调教。这种群养系统能极大地提高母猪的福利同时提高母猪的饲养效率，在大型猪场已经成为一种趋势。

45. 如何分辨母猪的外阴分泌物？

群体中偶尔有几只猪出现外阴分泌物时，不需要过多担心，但若5%～10%甚至更多母猪出现外阴分泌物时需要引起注意。正常的生理过程可以导致外阴分泌物的出现，但一些疾病也会导致出现此现象，并且可能导致出现不孕不育。在诊断时，首先需要判断分泌物是否异常，其次，异常的分泌物是来源于子宫还是生殖道。分泌物的性状和出现时间有助于做出判断。

（1）正常的外阴分泌物 母猪在分娩后可见有分泌物排出，多为胎盘的残余物和子宫分解物，通常在2天内消失。母猪妊娠期最后2～3周多见少量的黏液脓性分泌物从阴道排出，这一般与外阴阴道黏膜的分泌和细胞变化有关。接近发情期时也有分泌物的产生，由于雌激素分泌的增加，子宫血流量增大，组织渗透性增强，有更多的白细胞迁移进入子宫，子宫在发情前期和发情期的收缩可以促进子宫内容物的排出，此时的分泌物中包含有黏膜、阴道上皮细胞、精子、白细胞，偶尔可见红细胞，且分泌量不定。

（2）异常的外阴分泌物 母猪外阴出血比较常见，多由于母猪之间的咬伤、外伤或者由于公猪交配导致的损伤。人工辅助交配或者人工授精都可以减少这种由交配引起的损伤。

若母猪有脓性分泌物出现在交配或者进入发情期后10天，则需考虑子宫炎或者子宫内膜炎感染。致病菌可能在发情期时因为交配而进入子宫。发情期晚期对母猪进行授精容易导致异常分泌物的产生。难产、创伤、流产和无菌操作不严格也可以导致分娩后发生子宫内膜炎，使分娩后外阴分泌物长时间存在，若超过6天将会增加母猪不孕概率。

有时母猪膀胱炎或肾盂肾炎也可见有脓性外阴分泌物的产生，可伴有或不伴有血液。此时，分泌物中常见黏膜的存在，而且多发生于排尿的同时，尤其出现在排尿结束时，且与发情周期无关。

46. 怎样防治猪瘟?

猪瘟俗称"烂肠瘟"是一种具有高度传染性的疫病,是威胁养猪业的主要传染病之一。其特征急性呈败血性变化,实质器官出血,坏死和梗死;慢性呈纤维素性坏死性肠炎,后期常继发副伤寒及巴氏杆菌病。

(1)病因 本病在自然条件下只感染猪,不同年龄、性别、品种的猪和野猪都易感,一年四季均可发生。病猪是主要传染源,病猪的排泄物和分泌物,病死猪的脏器及尸体,急宰病猪的血、肉、内脏、废水、废料及污染的饲料、饮水都可散播病毒。猪瘟主要通过接触经消化道感染。此外,患病和弱毒株感染的母猪也可以经胎盘垂直感染胎儿,产生弱仔猪、死胎、木乃伊胎等。

(2)临床症状 潜伏期一般为5~7天,短的2天,长的可达21天。最急性型:多见于流行初期,猪发病突然,高热稽留,全身痉挛,四肢抽搐,皮肤和可视黏膜发绀,有出血斑点,很快死亡,病程不超过5天。急性型:最为常见,病猪在出现症状前体温已达41℃左右,持续不退,表现行动缓慢、头尾下垂、寒战、口渴、常卧一处或入垫草内闭目嗜睡;脓性结膜炎;先便秘,后腹泻,粪便呈灰黄色;在下腹部、耳部、四肢、嘴唇、外阴等处可见出血斑;公猪包皮内积有尿液,用手挤压可流出混浊血色恶臭液体。哺乳仔猪发生急性猪瘟时,主要表现为神经状,如磨牙、痉挛、角弓反张或倒地抽搐,最终死亡。慢性型:主要表现消瘦、贫血、衰弱、步态不稳、食欲不振、便秘和腹泻交替进行,死前体温降至正常以下,病程1个月以上,不死者长期发育不良而成为僵猪。繁殖障碍型:妊娠母猪感染后可引起早产、流产,产出死胎、木乃伊胎或弱小仔猪,仔猪先天性头部和四肢颤抖,数天后死亡。

(3)剖检

①急性型:全身皮肤、浆膜、黏膜和内脏器官有不同程度的出血。全身淋巴结肿胀、多汁、充血、出血、外表呈紫黑色,切面如大理石状。肾脏色淡,皮质有针尖至小米状的出血点。脾脏有梗塞,以

边缘多见，呈黑紫色小块。喉头黏膜及扁桃体出血。膀胱黏膜有散在的出血点。胃、肠黏膜呈卡他性炎症。大肠的回盲瓣处形成纽扣状溃疡。

②慢性型：主要表现为坏死性肠炎，全身性出血变化不明显，由于钙磷代谢紊乱，断奶病猪可见肋骨末端和软骨组织交界处因骨化障碍而形成的黄色骨化线。

（4）防治措施

①预防：a. 免疫接种；b. 开展免疫监测，采用酶联免疫吸附试验或正向间接血凝试验等方法开展免疫抗体监测；c. 及时淘汰隐性感染带毒种猪；d. 坚持自繁自养、全进全出的饲养管理制度；e. 做好猪场、猪舍的隔离、卫生、消毒和杀虫工作，减少猪瘟病毒的侵入。

②疫情处理：a. 立即报告，及时诊断；b. 划定疫点；c. 封锁疫点、疫区；d. 处理病猪，做无害化处理；e. 紧急预防接种。疫区里的假定健康猪和受威胁地区的猪立即接种猪瘟兔化弱毒疫苗；f. 消毒，认真消毒被污染的场地、圈舍、用具等，粪便堆积发酵、无害化处理。

47. 怎样防治子宫内膜炎？

子宫炎又称子宫内膜炎，多数为慢性炎症。对于产后急性子宫内膜炎（伴有高热）另外介绍。由于该病危害精子生存，使精子丧失受精能力，并且使受精后的早期胚胎不能着床，即使着床也会发生早期死亡或中期流产。子宫内膜炎对母猪繁殖是第一大疾病，也是人工授精失败的关键因素之一。

（1）病因 病因有如下几个方面。

①人工授精中使用多次性橡胶授精管，由于消毒不严而引起细菌感染。

②猪舍卫生条件差，管理不善，母猪经常坐卧在粪便之上。在发情阶段，由于子宫防卫力削弱，病菌从阴道乘虚而入。

③母猪分娩时助产人员操作不当，消毒不严。据调查，很多母猪分娩舍环境卫生不良，空气污浊，舍内积存污水，也是致病的原因。

(2) 临床症状 子宫内膜炎可分为隐性子宫内膜炎、慢性黏液性子宫内膜炎、脓性子宫内膜炎及黏液性兼脓性子宫内膜炎等。主要特征是从阴门中经常排出脓性分泌物，母猪卧下时排出更多。阴门及其四周黏附脓性分泌物，干后变成薄痂。一侧或双侧子宫角膨大，子宫壁厚而软，厚薄不一，无收缩反应。冲洗子宫时回流出混浊液体、呈糊状，有的为黄色脓液。

(3) 病理 在患子宫炎的母猪中有 77.3% 的母猪子宫和卵巢发生水肿，子宫角内蓄积较多液体，少数有脓性物质。经组织切片检查，发现有 54.5%（12/22）的病猪卵巢瘀血，卵泡坏死；有 95.5% 的子宫炎母猪的子宫水肿，子宫黏膜脱落，血管变性；有 59.1% 的母猪阴道黏膜下层和固有层水肿。目前许多集约化猪场母猪分娩舍设备简陋，全舍贯通，空气污浊，常引起阴道和子宫污染。

(4) 预防 将子宫内膜炎消灭在萌芽状态是最经济而省力的方法。给母猪接产时注意接产人员的手臂消毒，分娩结束后立即检查胎盘是否完整，有无残片脱落滞留于子宫，然后在子宫内放置 4～5 粒"得力郎"或"宫得康""宫复康"药物进行预防。

(5) 防治方法 治疗子宫内膜炎的关键在于恢复子宫的收缩力，增加子宫的血液供应，促进子宫内蓄积的渗出液排出，抑制或消除子宫感染。冲洗子宫是行之有效的常用方法。

冲洗子宫时应严格消毒，先将子宫内积留的液体排出之后再灌注冲洗。对于慢性黏液性子宫内膜炎，最常用的为 8%～10% 盐水。其可以防止渗出物被子宫内膜细胞吸收，并有利于液体排出，促进子宫收缩。开始冲洗时应用高渗盐水，随着渗出物逐渐减少或子宫缩小，逐渐降低盐水浓度、减少用量。对隐性子宫内膜炎，在配种前 1～2 小时，先用生理盐水或 1% 碳酸氢钠（小苏打）溶液加入 200 万单位以上青霉素冲洗阴道和子宫，可以显著提高受胎率。在配种后 2～3 天内也可继续冲洗。不必担心胚胎附植受到影响，因为胚胎到达子宫的时间需在第 4 天以后，第 5～6 天进入子宫。

对于慢性子宫内膜炎一般仅用 0.02%～0.05% 的高锰酸钾、0.05% 呋喃西林、复方碘溶液（2%～8% 碘溶液）及 0.01%～0.05% 新洁尔灭溶液冲洗。冲洗之后向子宫内注入青霉素 80 万～160

万单位和链霉素 1 克，或者注入强力霉素 1～2 克，溶于注射用水 30～50 毫升，用授精管导入，每天 1 次。由于猪的子宫角长而弯曲，冲洗药物不会全部排出，有些滞留于子宫，影响炎症的治愈。所以一般以子宫注入法为主配合子宫冲洗，再配合子宫收缩药物和全身疗法治疗。即先用催产素 20 万～40 万国际单位肌内或皮下注射，促使子宫收缩排出炎性分泌物，然后再用抗生素或磺胺类药物治疗或用蜂胶制剂注入子宫，每天 1 次，1 周一个疗程。患有全身症状的母猪，先用青霉素、链霉素配合维生素 C 10 毫升、地塞米松 5～10 毫升肌内注射。严重的化脓性子宫炎，经 2～3 个疗程不见效时应及早淘汰。

48. 怎样防治乙型脑炎?

（1）病原 该病病原为乙型脑炎病毒在外界环境中的抵抗力不大，56℃加热 30 分钟或 100℃加热 2 分钟均可使其灭活。常用消毒药如碘酊、来苏儿、甲醛等都有迅速灭活作用。病毒对酸和胰酶敏感。

（2）流行病学 乙型脑炎流行环节和传播途径有其特征性，除人、马和猪外，多数感染动物无临床症状。该病流行的季节与蚊虫的繁殖和活动有很大的关系，蚊虫是该病的重要传播媒介。在我国，约有 90% 的病例发生在 7、8、9 三个月内，而在 12 月至次年 4 月几乎无病例发生。华中地区流行高峰期在 7～8 月。该病具有高度散发的特点，但局部地区的大流行也时有发生。

（3）临床症状 病猪体温突然升高达 40～41℃，呈稽留热。精神不振，食欲不佳，结膜潮红。粪便干燥如球状，附有黏液，尿深黄色。有的病例后肢呈轻度麻痹，关节肿大，视力减弱，乱冲乱撞，最后后肢倒地而死。母猪、妊娠新母猪感染乙脑病毒后无明显临床症状，只有母猪流产或分娩时才发现产出死胎、畸形胎或木乃伊胎等症状。同一胎的仔猪，在大小及病变上有很大差别，胎儿呈各种木乃伊的过程，有的胎儿正常发育和产出弱仔，弱仔产出后不久即死亡。此外，分娩时间多数超过预产期数日，也有按期分娩的。公猪常发生睾丸炎，多为单侧性少为双侧性的。初期睾丸肿胀，触诊有热痛感，数日后炎症消退，睾丸逐渐萎缩变硬，性欲减退，并通过精液排出病毒，精液品质下降，失去配种能力而被淘汰。

(4) 病理变化 早产仔猪多为死胎，死胎大小不一。小的干缩而硬固、黑褐色，中等大的茶褐色、暗褐色。死胎和弱仔的主要病变是脑水肿、皮下水肿、胸腔积液、腹水、浆膜有出血点、淋巴结充血、肝和脾有坏死灶、脑膜和脊髓膜充血。出生后存活的仔猪，高度衰弱，并有震颤、抽搐、癫痫等神经症状，剖检多见有脑内水肿、颅腔和脑室内脑脊液增量，大脑皮层受压变薄，皮下水肿，体腔积液，肝脏、脾脏、肾脏等器官可见有多发性坏死灶。

(5) 诊断 根据该病发生有明显的季节性及母猪发生流产及产出死胎、木乃伊胎，公猪睾丸一侧性肿大等特征，可做出初步诊断。确诊必须进行实验室诊断。其主要的方法有病毒分离、荧光抗体试验、补体结合试验、中和试验和血凝抑制试验等。鉴别诊断应包括布鲁菌病、猪繁殖与呼吸综合征、伪狂犬病、细小病毒病和弓形虫病等。

(6) 防治 按该病流行病学的特点，消灭蚊虫是消灭乙型脑炎的根本办法。由于灭蚊技术措施尚不完善，控制猪乙型脑炎主要采用疫苗接种。猪用乙脑弱毒疫苗免疫后，夏秋分娩的新母猪，产活仔率提高到90%以上，公猪睾丸炎基本上得到控制，注射剂量为1毫升。该苗除使用安全外，还具有剂量小、注射次数少、免疫期长、成本低等优点。接种疫苗必须在乙脑流行季节前使用才有效，一般要求4月份进行疫苗接种，最迟不宜超过5月中旬。临床上主要给头胎母猪接种。

49. 怎样预防母猪难产？

母猪难产是指分娩时不能自然地将胎儿产出。难产的发生多因母猪过瘦造成，也有因运动不足、体质虚胖所致。临产前喂得过饱、便秘、直肠粪压迫产道也易造成母猪难产。母猪难产后要立即施行助产，确保母猪和仔猪平安。

(1) 临诊症状 母猪怀孕并已到产期，出现努责等分娩现象，但不能顺利产出仔猪。因分娩无力的难产，表现努责次数少、力量弱，分娩开始后长时间不能产出胎儿。因胎儿异常引起的难产，往往产道开张情况和分娩力正常，但不见胎儿产出。因产道狭窄的难产，表现阴门松弛开张不够，分娩力正常，但仅流出一些胎水，而不能产出胎儿。如果产程过长，救治不当，则母猪衰弱，心跳减弱，呼吸轻微，严重的在 2～3 天内母猪死亡。

(2) 预防　注意选种选配，避免近亲交配。母猪要在 10 月龄以后才能配种。注意给怀孕母猪适当的运动和喂给适量的青绿饲料和矿物饲料，合理搭配饲料，防止母猪过肥和消瘦。母猪临产时要有专人守护，以便及早发现难产，及时救治。

(3) 防治方法

①母猪胎水排出后，反复用力阵缩，仍不见胎儿排出便是难产。这时可注射催产素，用量体重每 100 千克 2 毫升，肌内注射。一般注射后 20～30 分钟即可产出仔猪。

②对于老龄体弱的母猪，首先每头母猪肌内注射脑垂体后叶素 10 万～30 万国际单位，以促进子宫收缩，使仔猪产出。如果肌内注射脑垂体后叶素 30 分钟后胎儿仍未产出，助产者可将手伸入母猪产道，按摩子宫颈，随着母猪阵缩，将胎儿慢慢拉出。

③对于母猪羊水排出过早、产道狭窄干燥、胎儿过大等引起难产的母猪，可先向母猪产道中注入清洁的油类润滑剂，然后助产人员将手伸入产道，随着母猪阵缩，缓慢地将胎儿拉出。

④对于胎位异常而引起难产的母猪，助产人员可将手伸入产道，推入胎儿后肢或前肢，取出胎儿。如果母猪产道干燥，可在助产时向产道注入清洁的润滑剂。如果无法矫正胎位，又不能或不宜进行剖腹产，可将胎儿的某些部位分截取出。

50. 怎样防治伪狂犬病？

伪狂犬病是疱疹病毒科伪狂犬病病毒引起家畜和野生动物的一种急性传染病。

(1) 流行特点　猪、牛、羊等多种动物都可自然感染；病猪、带毒猪是主要传染来源，通过消化道、呼吸道、伤口及配种等途径发生感染；母猪感染后，仔猪通过吸乳而感染；妊娠母猪通过胎盘侵害胎儿。多发生于冬、春季节，哺乳仔猪死亡率很高。

(2) 临诊症状 随猪龄不同，症状有很大差异，但都无瘙痒症状。新生仔猪及 4 周龄以内仔猪常突然发病，体温升至 41℃ 以上。病猪精神委顿，不食、呕吐或腹泻；随后可见兴奋不安，步态不稳，运动失调，全身肌肉痉挛，或倒地抽搐，有时呈不自主的前冲、后退或转圈运动；随后病程发展，出现四肢麻痹，倒地侧卧，头向后仰，四肢乱动，最后死亡。病程 1～2 天，死亡率很高。妊娠母猪主要发生流产、产出死胎或木乃伊胎。产出的弱胎，多在 2～3 天死亡。流产率可达 50%。

(3) 病理变化 鼻腔卡他性或化脓性炎，咽喉部黏膜和扁桃体水肿，并有纤维素性坏死性伪膜覆盖；肺水肿，淋巴结肿大，脑膜充血、水肿，脑脊髓液增多；胃肠卡他性或出血性炎症；镜检脑部有非化脓性脑炎变化；流产胎儿的肝、脾、淋巴结及胎盘绒毛膜有凝固性坏死。

(4) 防治方法 猪是重要的带毒者，防止购入种猪时带入病原，注意隔离观察，杀灭饲养场的鼠类有重要意义。发生本病时，扑杀病猪，消毒猪舍及环境，粪便发酵处理。必要时给猪注射弱毒疫苗。据知，弱毒苗有某些缺点，注苗与否要视疫情而定。

51. 实际生产中可致妊娠母猪流产的药物有哪些？

妊娠母猪用药要特别严谨，稍疏忽大意就会造成母猪流产。母猪在配种后 9～13 天和分娩前 21 天易发生流产。配种 45 天之内为胚胎着床期，此时易引发流产，所以要特别注意这 45 天的用药禁忌。以下是从畜牧兽医临床实践及理论书籍中总结出的孕畜禁用药物。

（1）由于利尿药物会引起子宫脱水，导致胚胎脱离，所以在动物妊娠早期（45 天以内）禁用速尿（呋塞米）。降压药，如利血平，胎盘穿透力极强，易导致流产，孕畜禁用。

（2）解热镇痛药在兽医界是必备的，但保泰松（布他酮）毒性最大，易造成胃肠道反应，肝肾损害，水钠潴留，引起流产，故禁用。

其次，水杨酸钠、阿司匹林具有抗凝血作用，易促发流产，故孕畜禁用。其他解热药物可以按量应用，不可随意加大用量。

（3）抗生素类，如链霉素对胎儿毒性大，易导致弱仔，尽量避免使用。替米考星注射液胎盘穿透力极强，易导致流产，孕畜禁用。

（4）激素类药物，如丙酸睾丸素、己烯雌酚、前列腺素（PG）极易导致流产，孕畜禁用。氢化可的松可以酌情使用。

（5）拟胆碱药，如氨甲酰胆碱、毛果芸香碱、敌百虫等，易导致子宫平滑肌兴奋性增强，孕畜禁用。

（6）子宫收缩药，如催产素、垂体后叶素等孕畜禁用。

（7）红花、当归等，具有兴奋子宫的作用，易引起流产、早产。大黄、芒硝、巴豆、可通过刺激肠道反射性引起子宫强烈收缩，导致流产、早产。破血药、泻下药、攻下逐水药、通窍药虽临床上不常用，但也不宜使用。

52. 妊娠母猪体温降低怎么办？

在养猪生产中，老龄妊娠母猪体温降低特别是妊娠后期体温降低时有发生，如不及时治疗可导致胎儿死亡甚至母猪死亡。

（1）症状 妊娠母猪精神不振，不愿站立，食欲减退，大便干，尿少，可见黏膜苍白，体温 36～37℃，呼吸基本正常，脉搏微弱，有畏寒之症。

（2）治疗

①10%安纳咖 10 毫升，一次肌内注射。

②维生素 B_1 10 毫升，一次肌内注射。

③氯化钠 17.5 克、氯化钾 7.5 克、碳酸氢钠（小苏打）12.5 克、葡萄糖粉 100 克、温水（35℃）5 000 毫升，一次灌肠（由肛门插入导管灌入）。

④当归、党参、肉桂、黄芪各 25 克，白术、茯苓、白芍、熟地、干姜各 30 克，甘草 20 克，川芎 35 克，大便干者加大黄 50 克、红糖 150 克作引，煎汤灌服，每天 1 剂，连服 2～3 剂。

三、哺乳母猪的健康饲养

哺乳母猪泌乳量和乳质量，直接关系到仔猪的生长发育，对仔猪育成率与断奶窝重影响极大。

53. 母猪分娩全程大约需要多长时间？

母猪分娩时间一般指从子宫颈完全张开至胎儿全部娩出的时间，需 1～4 小时。阵缩和努责迫使胎儿从产道娩出，当第一个胎儿产出后，阵缩和努责暂停，间隔 5～15 分钟后，阵缩和努责再次开始，迫使第二个胎儿娩出。如此反复，直到最后一个胎儿娩出。有时也有产出 1 头仔猪，马上产第二头的。枫泾母猪的产仔间隔时间，初产为 11.02 分钟，经产为 7.02 分钟，产仔多的间隔时间也短，其相关系数为 -0.537。产死胎和木乃伊胎所需时间比产活仔长，说明胎儿的活力与产仔间隔时间也有关系。据研究，母猪分娩的间隔时间与猪的品种、年龄、胎次等多种因素有关。据杨光希报道，不同品种的初产母猪，胎儿产出间隔时间平均为 16 分钟，一般为 1 分钟至若干个小时不等，各个品种均有连续产出仔猪的现象，各品种的产仔间隔时间存在着显著性的差异，长白猪明显长于其他品种。

54. 母猪泌乳有哪些特点？

猪乳腺构造特殊，与其他家畜不同。每个乳房由 2～3 个乳腺团组成，乳房间互不相通，自成一个功能单位。每个乳腺团最后由一个乳头管通向乳头。母猪的乳池高度退化，已不能储存乳汁。所以母猪不能随时排乳，仔猪也不能随时吃上母乳。各乳头的泌乳量和品质不一，一般前部乳头的乳头管比后部要多，前部乳头比后部乳头的奶量多，仔猪因哺乳位置不同其增重也有差异。

在母猪生产后头 1~2 天，由于催产素的作用，使乳腺中围绕腺泡的肌纤维收缩，所以可以随时排出乳汁。之后由于仔猪拱突吸乳的刺激有控制地放乳，不放乳时乳房中没有乳汁。每次放乳时间很短，一般只有 10~20 秒，多则几十秒。母猪产后大约每隔 1 小时左右排放乳汁一次，每昼夜平均 22~24 次左右。仔猪每天吸乳次数频繁。随泌乳期的延长，间隔时间逐渐拉长。母猪在放乳前，先发出哼哼声，称为"唤奶"。仔猪听到后，很快就会集聚在母猪腹部附近，待仔猪用鼻嘴拱揉乳房 2~5 分钟后，便开始放奶。

在整个泌乳期内，各阶段泌乳量并不一致，泌乳高峰在产后 21 天左右，以后奶量逐渐减少。

55. 猪乳的成分是什么？

猪乳分为初乳和常乳两种，初乳和常乳的营养成分有差异（参见表 4）。

表 4　初乳和常乳成分的比较（％）

成分	水分	干物质	脂肪	蛋白质	乳糖	灰分
初乳	77.79	22.21	6.23	13.33	1.97	0.68
常乳	79.68	20.32	9.97	5.26	4.18	0.91

（1）初乳　初乳指分娩后 3 天以内的乳，可为新生仔猪提供抗体。初乳还能提供其他因子，促进仔猪肠道的发育，但抗体含量 24 小时后明显降低。同一个体不同乳头分泌的初乳中脂肪、蛋白质、乳糖含量差异很大。因为初乳供应量有限，在接产过程中应使所有仔猪都能吃上相当数量的初乳，避免先产出的仔猪吃掉过多的初乳。

（2）常乳　猪常乳中的干物质、蛋白质和脂肪含量均超过其他家畜，唯乳糖含量低于其他家畜。

56. 如何判断母猪泌乳量的高低？

由于乳池退化放奶时间短，因此母猪一昼夜的哺乳次数较多，平均 20 次以上。各母猪泌乳性能和哺乳期早晚有差异，早期次数多，间隔时间短，夜间哺乳次数多于白天。自然状态下，母猪泌乳期 57～77 天；人工饲养条件下，随仔猪断奶的早晚决定其泌乳期的长短，我国大多为 45～50 天。泌乳期长短不同，其泌乳量也不同。可以根据以下几个方面观察、识别母猪泌乳量的高低：

（1）母猪所哺育的仔猪生长发育快且整齐，被毛光亮贴身，母猪泌乳量多。

（2）左右两排乳房膨胀较大，乳头下垂，放乳前后乳房体积有显著差异的母猪，其泌乳量高。

（3）出乳多的母猪放乳时间长，仔猪吸乳时很安定，不乱抢乳头，拱的时间短，吸乳时间长。

（4）哺乳期掉膘快的母猪泌乳量高。

（5）仔猪随母猪自动开食时间早，为母猪泌乳不足的表现。

（6）母猪乳头常有被仔猪咬破的创伤，为母猪泌乳不足的表现。

不同位置乳头的泌乳量不同，母猪前部乳头的泌乳量高于后部（见表 5）。

表 5　不同部位乳头泌乳量（%）

乳头顺序	1	2	3	4	5	6	7
泌乳量	23	24	20	11	9	9	4

57. 影响母猪泌乳量的因素有哪些？

（1）品种　不同品种猪的泌乳量不同，一般大型高产的瘦肉型和兼用型品种猪的泌乳力较高，而小型低产的脂肪型品种猪的泌乳力较低。

（2）母猪胎次与初配年龄　一般第一胎泌乳力较低，二三胎上升，六七胎以后有下降的趋势。

（3）每窝哺育仔猪数量 一般带仔多的母猪比带仔少的母猪泌乳量高。

（4）乳头的位置 前部、中部和后部的乳头泌乳量及乳汁有差别，前三对乳头分泌的乳汁较好，第五对以后较差。

（5）环境因素 安静的环境有利于泌乳。

（6）营养因素 营养对提高母猪泌乳量有决定性的作用。泌乳母猪昼夜哺育仔猪，营养付出与体力消耗很大，而它又没有充足的时间去寻食。因此，应增加精料的给量，控制日粮的容积和粗纤维的含量，尽量满足母猪对蛋白质、维生素、能量、矿物质等营养的需要。

58. 哺乳母猪的饲养管理有哪些要点？

饲养管理的重点是提高母猪采食量和泌乳量。哺乳母猪采食量少，不仅影响泌乳量、仔猪日增重和成活率，而且母猪泌乳期失重增加，断奶至配种间隔延长，直接影响母猪的年生产力。

（1）产后第 1～4 天逐渐加料 一般母猪分娩当天不喂料，分娩后第 1 天上午喂 0.5 千克，第 2 天上午 1.0 千克、下午 1.0～1.5 千克，第 3 天上午 1.5 千克、下午 1.5 千克，第 4 天同前一天。总之应根据母猪的消化情况逐渐加料，切不可加料过急，以防母猪食欲不振，影响消化。

（2）产后第 5 天起充分饲喂 从产后第 5 天起，母猪恢复正常喂量，直到仔猪断奶，应给予充分饲养，母猪能吃多少饲料就喂多少，不限制采食量，而且要尽可能地提高母猪的采食量。由于泌乳需要大量的营养，因此哺乳阶段也是母猪一生中饲料采食量最高的阶段。哺乳母猪的饲料需要量一般按体重的 1% 计算维持需要量，每带 1 头仔猪需 0.5 千克饲料。例如，分娩后体重 200 千克的母猪带仔 12 头，其饲料需要量为：$200 \times 1\% + 12 \times 0.5 = 8$ 千克。而实际上母猪自由采食量只有 5 千克左右，因此泌乳母猪一定要充分饲喂，尽最大可能提高母猪的采食量。提高母猪泌乳期间采食量的方法有：

①确保母猪妊娠期间不过度饲喂，采用"低妊娠高泌乳"的饲养

方式。研究表明，母猪泌乳期间的采食量和妊娠期间的采食量呈负相关。妊娠全期日采食量越多，妊娠期增重越多，泌乳期采食量越少，母猪失重越多，妊娠期间的采食量增加，泌乳期间的采食量则下降。因此，妊娠期间的采食量应严格控制，以保证泌乳期间母猪旺盛的食欲。

②日粮蛋白质水平影响泌乳期间的采食量。母猪泌乳期间日粮蛋白质水平越低，则日粮采食量越少，体重损失越多。日粮蛋白质水平高，则仔猪断奶重也大。泌乳期间低蛋白质日粮还会延长断奶至发情间隔，并导致受胎率下降。提高饲料的粗蛋白质水平，能提高母猪采食量，尤其是初产母猪这种现象更严重。因此，为了提高泌乳期母猪采食量，建议日粮蛋白质水平至少为15%。

③增加饲喂次数，以日喂3～4次为宜（其中最好晚上10时喂一餐）。饲喂次数越多，可能采食量越大。母猪每天饲喂2次的采食量比饲喂1次多。美国NRC（1989）报道，饲喂次数对采食量有影响。母猪每天饲喂1次和3次（不限制采食），结果饲喂3次采食了108.4千克，而饲喂1次只采食了101.6千克。另外，饲喂3次体重损失也相应减少（28.5千克对22.5千克）。随泌乳量上升，母猪对营养的需要日渐增加，因此应增加泌乳母猪饲喂次数。

④建议采用湿拌料或颗粒料。母猪采食湿拌料时，其采食量比干粉料大约增加10%。对大多数生产者而言，采用湿料饲喂系统是不切实际的，但在分娩栏饲喂器上安装一饮水器，有助于增加母猪采食量。

⑤供应充足的清洁饮水。饮水不足或饮水不清洁而减少饮水量都会影响母猪的采食量和泌乳量。母猪饮水不足还会造成乳汁过浓、含脂量相对增加，影响仔猪的消化与吸收，导致仔猪腹泻。因此，对哺乳母猪应特别注意足量清洁饮水的供应。一般认为母猪每天的需水量为12～40升。当然，最好能做到让母猪自由饮水。要经常检查饮水器是否正常，保证水的新鲜和清洁。水槽每天应清洗1～2次。

（3）增加饲粮营养浓度　当母猪采食量达不到饲养标准中的建议喂量时，就要增加饲粮的营养浓度，以保证每日摄入足够的能量和蛋白质（赖氨酸）。建议泌乳母猪日摄入赖氨酸不低于48克，消化能不低于65兆焦。对于体型大、带仔数在12头以上的高产泌乳母猪，建议采用高能量、高蛋白质饲粮，如消化能14.2兆焦/千克，粗蛋白质18%，赖氨酸1.0%，以最大限度满足其泌乳和繁殖的需求。给母猪饲喂高蛋白质饲料，其仔猪的断奶窝重比饲喂低蛋白质饲料者提高10%以上。母猪在泌乳期间通常体重会下降，但给予高蛋白质饲料的母猪失重程度会比饲喂低蛋白质的母猪小。事实上，泌乳期间母猪日粮的粗蛋白质如果保证到17%，可以避免泌乳母猪失重太多，防止繁殖性能变差，并可提供更多的乳汁。在热天高温下，可以在泌乳母猪饲料中加入脂肪（动物油、植物油均可），也可采用膨化处理的全脂大豆，以提高饲料的消化能浓度。这样即使母猪的饲料采食量下降，也能维持正常的能量摄取。

（4）不喂发霉变质饲料　青绿多汁饲料，如牛皮菜、饲用甜菜、苦荬菜、木瓜、南瓜等，含有一种叫酚氧化酶的有机物质，它能参与泌乳活动，并起增强泌乳能力的作用。但要注意青绿饲料一定要新鲜，越新鲜营养越丰富；堆积时间长，青绿多汁饲料易发热变黄，不仅适口性差，而且对促进泌乳作用不大；腐败糜烂的饲料还会引起母猪中毒死亡。此外，要注意青绿多汁饲料与混合精料的合理搭配，在青绿饲料多时可适当减少精料饲喂量。

（5）保护好母猪乳房和乳头　训练初生仔猪固定乳头吃奶，可防止因争吃奶而咬伤乳头。仔猪的吸吮能促进母猪乳房发育，尤其是初产母猪，一定要让仔猪均匀地利用全部乳头，使每个乳房都发育良好，能提高以后几胎的泌乳量。

（6）保持良好的环境条件　及时清扫粪便，保持栏位干燥、清洁。夏季定期灭蝇。尽量减少噪声等应激因素，安静的环境对母猪泌乳有利。

（7）注意单栏饲养的防暑降温　在夏季，当舍温升至33℃以上时，可于下午2～3时给母猪身体喷水1次，采用喷水降温一定要配合良好的通风。对泌乳母猪可设计特制滴水降温装置。据报道，采用滴水降温的母猪日采食量多0.95千克，整个泌乳期母猪少失重13.7千克。

59. 怎样搭配哺乳母猪的日粮？

饲养方式："前精后粗"方式适用于经产母猪，因为产后第一个月为泌乳旺盛期，仔猪 20 日龄前以乳食为主。"一贯加强"饲养方式适用于初产母猪，因为母猪要兼顾哺乳仔猪和其本身生长发育之需要。

饲养技术：哺乳母猪应少量多餐，每天定时定量、时间间隔均匀，一般日喂 3～4 次。饲料要多样化，切忌突然改变饲料。断奶前要减少饲料的喂量，特别要少喂青绿多汁饲料。

哺乳母猪的营养需要：一头 120～150 千克体重的哺乳母猪每天需要消化能 60.5 兆焦、粗蛋白质 700 克；每千克饲粮含 12.1 兆焦消化能、14％粗蛋白质。哺乳期如果营养物质供应稍不足，不会对泌乳有明显影响，母猪可用失重来补偿。哺乳期母猪失重是正常现象，但若失重过大则会影响母猪下一次的繁殖成绩。在较正常的饲养管理条件下，哺乳期母猪失重一般不超过母猪产后体重的 15％～20％。经测定，母猪产后 40 天内泌乳量占全期的 70％～80％。所以要提高母猪泌乳量，关键要抓好头 40 天的饲养管理。

(1) 增加精料给量，满足对能量的需要 目前养猪生产中母猪妊娠期能量水平有些偏高，仔猪初生重多在 1.2～1.3 千克，泌乳期能量水平较低，混合料喂量多在每日每头 3.0～3.5 千克以下，严重限制了母猪的泌乳能力和仔猪的生长发育，50 日龄仔猪体重一般不超过 12 千克。母猪泌乳期饲养水平低，既降低仔猪的生产成绩，又严重浪费饲料。一般来说体重 180～220 千克的母猪，泌乳旺期每头日喂混合料 5.5～6.0 千克较为合适。

(2) 合理供给蛋白质 猪乳中蛋白质含量较高，初乳为 17.8％，常乳为 6％～6.5％，并含有各种必需氨基酸，品质优良。因此，蛋白质营养的合理供给对提高泌乳量有着决定性的作用。据测定，若喂给足量高品质的蛋白质饲料，能提高泌乳量 12％～20％。因此，在哺乳母猪饲粮中应搭配一定量的豆饼、花生饼等油饼类饲料，也可添加工业合成的氨基酸，努力提高蛋白质的生物学价值，使有限的蛋白饲料充分发挥作用，以满足泌乳母猪对蛋白质营养的需要。

（3）满足矿物质和维生素的营养需要 猪乳中矿物质含量在1%左右，钙0.2%、磷0.15%左右。若矿物质不足则泌乳量降低，为保证泌乳的需要，母猪还要动用骨中的钙和磷，引起骨质疏松而瘫痪，甚至造成骨裂或骨折。为满足母猪对矿物质的需要，一般用骨粉、贝壳粉补饲。维生素对维持母猪的健康、保证泌乳和仔猪正常生长发育都是必需的，因此，对哺乳母猪应尽量多喂些富含维生素的饲料，通过乳汁保证仔猪维生素营养的供给。

（4）充足的饮水及青绿多汁饲料的供应 猪乳中水分含量在80%左右，因此充足的饮水对泌乳十分重要。有些地方给泌乳母猪饮豆浆或粉浆，加喂一些南瓜、甜菜、胡萝卜等催乳。

60. 母猪进产房前应注意什么？

（1）保持清洁 仔猪出生后几乎没有抗病能力，病菌最易侵入并导致仔猪生病。一般母猪上产床前对产床、保温箱等都已彻底清理消毒，因此通过母猪带入疾病是最主要的感染渠道。一些猪场采用给上床母猪进行一次冲洗两次消毒的办法，结合随时清理母猪粪便等措施，有效地降低了初生仔猪前期患病概率。即在妊娠舍将母猪身上脏物冲洗干净，然后用药液消毒一次，到上产床后再连猪带床进行一次消毒，尽可能减少从妊娠舍带来病原菌。目前一些猪场仍没能做到母猪入舍前的清洗消毒工作，应能引起足够的重视。

（2）保持舍内干燥 舍内湿度大会增加仔猪对寒冷的应激，特别是撤去热源的哺乳仔猪，往往会因潮湿引发腹泻，进而引起全群感染。造成舍内潮湿的因素主要有两个，一是水管漏水，二是水压高，舍内温度过高时母猪玩水，导致仔猪保温箱内垫板潮湿，使仔猪长期生活在潮湿环境中。如果在冬季，由于换气困难，长期的舍内潮湿有利于微生物繁殖，易诱发猪只疾病。

（3）注意卫生（母猪乳头，保育箱内） 仔猪腹泻是哺乳期间最头痛的事，尽管现在采用许多方法加以防治，但如果不从病因上去考虑，往往是治标不治本，容易复发。有人总结了仔猪腹泻的几个原因——寒冷、潮湿、不卫生。其中不卫生是很重要的一项，因为没有病原菌即使发病也会比较轻，但如果环境不卫生，仔猪不断地吃进含有病原的脏物，并不断地排出病原，这样就会形成恶性循环。对产房的卫生要求较高，如不允许产床上有母猪粪便，母猪排粪后及时清理，仔猪粪便也要及时清理，并用消毒药水定期擦、刷。有的猪场每天两次用消毒药水擦洗母猪乳房，有的猪场定时擦洗产床床面等，都取得了不错的效果。同时要注意保持地面、保温箱内和使用工具的干净卫生。

(4) 注意舍内空气质量 空气质量对猪的影响越来越明显，一些猪场采用深坑集粪方法，也就是产床下面是一个很深的坑，有的在坑内存水，有的为保持干燥不放水，二者存在的同一个问题是舍内气味难闻，空气太污浊。如果仔细考虑，造成环境恶劣的原因并不是设计不好，而是粪便在舍内存放时间太长，如果定期清理，效果要好得多。个别猪场一周清理一次粪便，效果就好多了。

(5) 准备接产用品

①仔猪箱（或箩筐）：对产仔时不安静的母猪，应将仔猪先装入箱中，待母猪安静时哺乳。

②消毒药品：脐带消毒时用5％碘酊或0.1％来苏儿，助产消毒时用1％高锰酸钾、70％乙醇等。

③其他用品：龙丹紫染料水（标记仔猪、固定乳头用）、产仔记录本、秤、耳号钳（育种场用）、剪刀、笔、水桶、肥皂、毛巾等。

(6) 注意对母猪检查 产前2周应对猪只进行检查，若发现有疥癣、猪虱，用2％的敌百虫喷雾灭除，以免产后感染仔猪。若产房湿度过大，可在圈内铺石灰或锯屑。母猪分娩常在夜间，产前要将母猪的乳房、阴户等处清洗干净，并用0.1％高锰酸钾溶液消毒，准备好接产工具。

(7) 不应粗暴对待上床母猪 母猪产前都需要从妊娠舍赶到产仔舍，有时路程很远、有时产床过高、有时路面太滑等，使母猪生产并不顺利。这时饲养员不能急，更不能粗暴对待母猪，可能急赶、踢打或抬猪上产床，都有可能造成胎儿的死亡，形成死胎。

61. 母猪分娩过程的管理要求是什么？

（1）做好配种记录与预产期推算 做好分娩护理，必须掌握母猪分娩的大体时间，为此场内要建立配种记录制度，根据记载的配种日期，推算预产期。猪的平均妊娠期是 114 天，最简单的方法是配种日期的月份加 4，日期减 10。遇到 2 月或连续两个大月时要做适当调整，如在 12 月 18 日配种的母猪，2 月要加 2 天，12 月、1 月均是大月再减 1 天，预产期为 4 月 9 日。或按 3、3、3 计算，即 3 个月 3 周零 3 天。

（2）观察母猪临产征状 真正的产仔日期不一定都是 114 天，所以准确掌握母猪产仔预兆，有助于做好接产工作。随着胎儿发育成熟，母猪在生理上会发生一系列变化。

①行为变化：母猪变得行动不安，食欲下降。出现叼草做窝、嘴拱地、蹄趴地呈做窝状，突然停食，紧张不安，时而起卧；频频排粪排尿，粪小而软，每次尿量少，但次数频繁，说明母猪当天即将产仔。

②乳房变化：母猪分娩前 15～20 天乳房由后向前逐渐膨大。乳房基部与腹部之间出现明显界限，俗称"奶铃子"。产前 1 周左右膨胀的更加厉害，两排乳头胀向外呈八字形，色红发亮，经产母猪比初产母猪更加明显，轻轻按摩可挤出乳汁，起初清淡透明（距产仔 1～2天），临产前呈胶状乳白色（产仔前数小时）。

③阴部变化：产前 3～5 天阴部开始红肿，尾部两侧逐渐下陷，称"松跨"，但较肥的母猪下陷常不明显。

④乳头的变化：母猪前面的乳头能挤出乳汁约在 24 小时产仔，中间乳头能挤出乳汁约在 12 小时产仔，最后一对乳头能挤出乳汁时约在 4 小时左右产仔。

⑤呼吸变化：母猪产前 24～12 小时每分钟呼吸次数为 54 次，12～4 小时约 90 次，同时还伴有间断的、低的呼吸声和咬牙的咯咯声，至产前 20 分钟至 1 小时阴户流出分泌物。

（3）做好分娩护理工作
①产前要将母猪腹部、乳房及阴户附近的污垢清除，然后用 2%～

5%来苏儿溶液进行消毒，并擦干。接产人员用肥皂水洗手，再用2%来苏儿消毒，然后实施如下接产工作。

A. 擦净黏液：仔猪产出后，接产人员应立即用毛巾将仔猪的口、鼻处黏液掏出并擦净，让仔猪开始呼吸，再将全身黏液擦净。

B. 断脐带：先使仔猪躺卧，把脐带中血反复向仔猪脐部方向挤压，在距仔猪脐部 4～6 厘米处剪断，断面用碘酒消毒。

C. 仔猪编号：编号是育种工作的基本环节。编号的方法有剪耳法和耳标法，以剪耳法应用较普遍。剪耳法是利用耳号钳在猪耳朵上剪缺刻，每一缺刻代表一个数字，将所有数字相加即为耳号数。例如"上 1 下 3"法，右耳上缘剪一个缺刻代表 1，下缘一个缺刻代表 3，耳尖一个缺刻代表 100，耳中部打一圆洞代表 400；左耳相应部位的缺刻分别代表 10、30、200 和 800。再如"个、十、百、千"法，左耳上缘、下缘和右耳上缘、下缘依次代表千位、百位、十位、个位上的数字，以近耳尖处的缺刻代表 1，近耳根处缺刻代表 3。

D. 仔猪称重并登记分娩卡片。

E. 让仔猪吃初乳：处理完上述工作后，立即将仔猪送到母猪身边吃初乳。有个别仔猪生后不会吃乳，需进行人工辅助。寒冷季节，无供暖设备的圈舍要生火保温或用红外线灯泡提高局部温度。

②假死仔猪的急救：有的仔猪产出后呼吸停止，但心脏仍在跳动，称为"假死"，其急救方法以人工呼吸最为简便。可将仔猪四肢朝上，一手托着肩部，另一手托着臀部，然后一屈一伸反复进行，直到仔猪叫出声为止；也可于仔猪口鼻涂适量酒精，用双手抓住前后肢，按呼吸频率进行人工呼吸，只要脐动脉挑动，大多数能救活。

③难产的处理：母猪长时间剧烈阵痛，但仔猪仍产不出，且母猪呼吸困难、心跳加快，应实行人工助产。一般可注射人工合成催产素，按每 50 千克体重 1 毫升，注射后 20～30 分钟可产出仔猪。如注射催产素仍无效，可采用手术掏出。洗净双手，将指甲剪短磨平，用肥皂洗净并消毒双手，涂上润滑剂，趁母猪努责间歇时慢慢伸入产道，伸入时手心朝上，摸到仔猪后随母猪努责慢慢将仔猪拉出，掏出一头仔猪后，如转为正常分娩，不再继续掏。手术后，母猪应注射抗菌素或其他抗炎症药物。

62. 母猪难产的助产技术有哪些？

母猪在分娩过程中，因多种原因不能顺利产出胎儿，即发生难产时就要采取助产措施。母猪分娩的时间范围为30分钟至6小时，平均为2.5小时，平均生出间隔时间为15～20分钟。产仔间隔的时间越长，仔猪就越不健壮，早期死亡的危险越大。特别对有难产史、年龄大、体重大和紧张的母猪，分娩时更要特别护理。

（1）难产的判断

①母猪产出1～2头仔猪后，仔猪体表已干燥，而母猪1小时后仍未再产出仔猪，分娩终止。

②母猪长时间剧烈努责，但不产仔。

③妊娠期延长。妊娠期超过116天，胎儿已部分或全部死亡，胎儿的死亡将延长正常分娩的启动时间。阴门排出血色分泌物和胎粪，没有努责或努责微弱，不产仔。

（2）难产原因

①母猪骨盆发育不全，产道狭窄（初产和配种过早的母猪多见）。

②死胎多。

③分娩缺乏持久力，子宫迟缓（在老龄、过肥、过瘦母猪多见）。

④胎位异常、胎儿过大或习惯性难产。

对难产母猪若不及时处理，可能造成母仔双亡。

（3）助产措施

①对老龄体弱、娩力不足的母猪，可肌内注射催产素（脑垂体后叶素）10～20单位，促进子宫收缩，必要时可注射强心剂。若半小时左右胎儿仍未产出，应进行人工助产。具体操作方法是：术者剪短、磨光指甲，手和手臂先用肥皂水洗净，用2%来苏儿液（或1%高锰酸钾液）消毒，再用70%乙醇消毒，在已消毒的手和手臂上涂抹润滑剂（凡士林、石蜡油或甘油）；然后五指并拢，手心向上，在母猪阵缩间隙时将手臂慢慢伸入产道，抓住胎儿适当部位（下颌、腿），顺母猪阵缩力量慢慢将仔猪拖出。

②对母猪破水时间长、产道干燥、产道狭窄、胎儿过大或胎位不

正等因素引起的难产，可先向母猪产道中注入生理盐水或清洁的润滑剂，然后按上诉方法将胎儿拉出。

③初产母猪不注射催产素，直接人工助产。

助产过程中尽量防止产道损伤或感染。助产后，应给母猪注射抗生素药物，防止细菌感染。母猪有脱水症状的应耳静脉注射 5% 葡萄糖生理盐水 500～1 000 毫升、维生素 C 0.2～0.5 克。

63. 怎样缩短仔猪哺乳期？

在我国农村，一般仔猪的哺乳期大都为 2 个月左右，这样 1 头母猪一年最多产两胎，空怀时间较长，年消耗饲料 500 千克，利用效率低，饲养效益较低。每年产的仔猪越少，成本就越高。因而，实行仔猪早期断奶，是提高母猪繁殖力的一项有效措施。

(1) 适宜断奶日龄　断奶日龄可根据生产任务和技术水平自行确定。从生理上分析，母猪产后不早于 3～4 周断奶、配种，不会导致以后各胎的繁殖障碍。仔猪断奶时体重介于 4.5～5 千克，人工培育就不会有很大困难，这时仔猪已有一定的适应环境和抵抗疾病的能力，生长发育正常。我国传统养猪多于 60 日龄断奶，哺乳期过长，母猪的年产仔数较少。发达国家养猪多于 21～28 日龄或更早断奶，以提高母猪的繁殖力。目前我国各规模猪场尚达不到早期断奶所需的设备和饲料条件，仔猪一般于 28～35 日龄断奶较为合适。此时仔猪已经基本上适应饲料和环境条件，育成率较高、发育较为整齐。

(2) 断奶方法　仔猪早期断奶可采取一次性断奶方法，即把母猪赶走，仔猪留在原舍。母猪在断奶当天停止喂料（喂水），然后恢复空怀期的饲料量及配料。仔猪应在 7 日龄左右开始诱食，并设小水槽，断奶后就会很快适应吃料，饲料可干喂也可湿喂。

(3) 注意事项

①仔猪的饲料应满足其生长发育的需要，一般在仔猪饲料内应多配黄豆、豆饼、鱼粉等蛋白质饲料，使饲料的粗蛋白质水平在 22%以上。可添加适量饲料酵母、有甜味的物质，以提高适口性。黄豆必须炒熟饲喂，以免引起仔猪腹泻。

②人工哺育的仔猪必须加强管理，不适宜的温湿度，恶劣的卫生条件、不适当的日粮、无规律饲喂都有可能导致早期断奶的失败。

③断奶前4～6天起控制哺乳次数，由第一天的4～5次逐渐减少至完全断奶，使母猪、仔猪均有个适应过程。

④断奶后要继续饲喂与断奶前相同的乳猪料并供给充足的清洁饮水，同时避免称重、去势、注射疫苗等造成对仔猪的刺激。

⑤在饲料中增加维生素E的给量，以提高仔猪的抗应激能力。

64. 如何应用免疫球蛋白抢救传染病病猪？

免疫球蛋白的使用应根据病猪体重大小和病状，每头每次用量为1～5支。断奶仔猪一次1支，母猪一次5支。每天皮下或肌内注射免疫球蛋白2次，静脉滴注效果更佳，连用2～3天。经以上用药后，有80%的病猪一般可转危为安。由于在注射免疫阶段，有的猪体有可能已染上致病性病毒，此时可能正处于疫病的潜伏期，一旦猪群使用免疫球蛋白，可能诱发传染病的发作。因此，在用猪用抗多病免疫球蛋白抢救病猪时，主管人员（或兽医）应密切观察猪群直到平安无事，待整体猪群转为无病状态时才能接种疫苗。若病猪病期太长，已伤元气，治疗效果往往不够理想。若猪体表发红，则要加大注射剂量。对于价格昂贵的种猪，许多省市介绍采用静脉滴注，效果显著。稍有好转但又未彻底好转的猪，应再进行1～2天的治疗，其用量同前。

65. 母猪产后常见病有哪些？如何治疗？

（1）产后拒食 因产道感染而拒食的母猪，可用青霉素800万单位、链霉素400万单位，与20毫升安乃近混合肌内一次注射，每天2次，连用2天。因喂料过多、饲料浓度太大造成厌食的母猪，其精料、粗料、青料搭配要合理，不宜饲喂得过肥或过瘦。中药治疗：黄芩60克，黄连50克，银花、陈皮、厚朴各40克，车前草、夏枯草各80克，地丁草100克，猪苦胆1个，加醋200毫升，共煎沸后加入稀饭中一次喂给。每天 1 次，连喂 3 天，可增进食欲。

(2) 产后无乳、少乳 对少乳的母猪用催乳灵 10 片内服，连用 3～5 天，或肌内注射催产素 20～30 单位，每天 1～2 次。将胎衣洗净加水、食盐适量煮熟，分数次拌料喂给母猪。蚯蚓、河虾、小鱼（鲫鱼最好）煮熟后喂给母猪，都有催乳作用。也可用中药：当归、王不留行、漏芦、通草各 30 克，水煮，拌麸皮喂服。每日 1 次，连用 3 天。

(3) 产后便秘 可用下列方法治疗。

①加喂青绿饲料；

②增加饮水量并加入人工补液盐；

③葡萄糖盐水 500～1 000 毫升，维生素 C 10 毫升 3 支，一次静脉注射；

④复合维生素 B 15 毫升、青霉素 240 万单位、安痛定 30 毫升，分别肌内注射；

⑤酵母、大黄苏打片、多酶片、乳酶生各 40 片，共为细末，分 4 次给母猪内服；

⑥日喂小苏打（碳酸氢钠）25 克，饮水喂服，分 2～3 次喂给。

(4) 产后子宫脱出 母猪子宫不全脱出时，可用 0.1％高锰酸钾或生理盐水 500～1 000 毫升注入母猪子宫腔，借助液体的压力使子宫复原。子宫全脱者，要先除去附在黏膜上的粪便，用 0.1％高锰酸钾或 1％食盐水洗涤；严重水肿者，用 3％白矾水洗涤。整复时，2 人托起子宫与阴道等高，1 人用左手握子宫角，右手拇指从子宫角端进行整复。再把手握成锥状像翻肠子一样，在猪不努责时用力按压，依次内翻。用此法将两子宫角推入子宫体，同时将子宫体推入骨盆腔及腹腔。整复完毕，阴门用粗丝线缝合 2 针，以防再脱出。必要时予以麻醉。整复后注射抗菌药物消炎。

(5) 产后跛行 母猪有外伤时要抗菌消炎：用安痛定 10 毫升，青霉素 320 万单位，维生素 B_1 10 毫升，每天 2 次，肌内注射；地塞米松 10 毫升，肌内注射，每天 1 次；10％葡萄糖酸钙 150～200 毫升，静脉注射，每天 1 次，连用 6～10 天。疼痛厉害者，静脉注射时加入 20％水杨酸钠 20 毫升，腰椎疼痛处可用普鲁卡因封闭。中药治疗：当归、熟地各 15 克，续断、白芍、杜仲、补骨脂各 10 克，青皮、枳实各 8 克，红花 5 克；食欲不好者加入白术、砂仁、草豆蔻各 8 克，水煎服或研末温开水调服。

（6）产后瘫痪 将猪骨头或其他新鲜畜禽骨头烘干轧碎，拌入饲料喂猪，每头每天喂 30 克。病情严重者，用 5％～10％氯化钙注射液 40～80 毫升一次静脉注射。也可用高度白酒涂抹皮肤并进行人工按摩，以促进其血液循环、恢复神经功能。另外，可适当加大日粮中麦麸的含量，加喂甘薯蔓等含钙较多的粗饲料，尽量多喂青绿饲料，对预防母猪瘫痪也有良好效果。

66. 如何防治夏季母猪产后"三联症"？

母猪产后"三联症"是指母猪产后因各种原因引起的子宫内膜炎、乳房炎、无乳或少乳症。本病多发生于高温高湿的夏季，尤其是 6～9 月份更明显，南方多见。本病如不及时采取有效的措施，会给养猪生产造成很大的损失。

（1）病因 本病多由于母猪产后护理不良，感染链球菌、葡萄球菌、大肠杆菌、克雷伯菌、绿脓杆菌等引起，有时也可因营养障碍、代谢紊乱、环境应激等引起。

（2）临床症状

①子宫内膜炎：通常是子宫黏膜的黏液性炎症，为母猪常见的一种生殖器官疾病。若不进行及时合理的治疗往往造成母猪发情不正常，或不受孕，或妊娠后易发生流产。在临床上可分为急性子宫内膜炎与慢性子宫内膜炎两种。急性子宫内膜炎多发生于产后或流产后，全身症状明显，病猪食欲下降或废绝，体温升高，拱背，频频排尿，时常努责，从阴道内排出带臭味污物、不洁的褐色黏液或脓性分泌物。慢性子宫内膜炎多由急性子宫内膜炎治疗不及时转化而来，全身症状不明显，病猪可能周期性从阴道内排出少量混浊的黏液。母猪即使能定期发情，也屡配不孕。

②乳房炎：是乳腺受到物理、化学、微生物等致病因子的作用发生的一种炎性变化，常发生于母猪产后 5～30 天内，尤其夏季最易发

生。其不仅危害母猪，还可引起仔猪发病。临床表现母猪乳房潮红、肿胀、发热、变硬，有疼痛感，不让仔猪吃乳。初期乳汁稀薄，内混有絮状小块；后期乳汁少而浓，混有白色絮状物，有时带血，甚至有黄色脓液，有臭味。严重时母猪乳房溃疡，不分泌乳汁，精神差，食欲不振，体温高。

③无乳及泌乳不足：是母猪产仔后泌乳量明显不足或完全无乳。临床表现母猪乳房松弛、干瘪，乳汁稀薄如水。仔猪吃乳次数增加但吃不饱，仔猪因饿而嘶叫，甚至啃咬其他仔猪。病程稍长对仔猪危害较大，因无乳或缺乳仔猪迅速消瘦、衰竭或因感染疾病而死亡。

(3) 防治措施　为了有效地控制母猪产后三联症，结合临床实际推荐下列防治方案（该处方经几百家大规模猪场应用后，其有效预防母猪产后乳房炎-子宫炎-无乳综合征达95％以上）。

①母猪于产前3天或产后3天按推荐剂量肌内注射一次长效阿莫西林注射液，或长效土霉素，同时于产前产后各7天用复方替米先锋（60千克料/袋）＋水溶性阿莫西林300毫克/千克＋公英散＋益母草拌料，可有效防止母猪产后因机体虚弱而感染病原菌致病。

②对于子宫内膜炎可采用抗生素疗法和子宫冲洗法。

A. 对于出现全身症状的母猪，强效阿莫西林按每千克体重10毫克注射，每天1次，连用2～3天，其他如先锋霉素、恩诺沙星、林可霉素也可用于治疗。

B. 清除滞留在子宫内的炎性分泌物，可选用生理盐水、0.2％新洁尔灭、1％碳酸氢钠溶液、0.1％高锰酸钾溶液等冲洗子宫。但冲洗后要及时注射垂体后叶素20万～40万单位，以促进子宫内炎性分泌物排出。然后用20～40毫升注射用水稀释青霉素、链霉素各200万单位或强效阿莫西林4支，注入子宫，或放入10片土霉素。注意如出现全身性感染时禁忌冲洗子宫。

③对于乳房炎可采用全身疗法和局部疗法。

A. 隔离仔猪，挤出患病乳腺中的乳汁，用10％鱼石脂软膏、10％樟脑软膏、10％碘酊涂擦乳房患部皮肤。

B. 用长效阿莫西林注射液按推荐剂量，肌内注射，两天1次，连用2次，有良好效果。

C. 对严重乳腺炎病猪用 5‰葡萄糖生理盐水 20 毫升、青霉素 400 万～800 万国际单位、地塞米松 10 毫克、维生素 C 2.5 克，静脉注射，每天 1 次，连用 3 天。

④对于非传染性无乳症应肌内注射催产素 30 万～40 万国际单位，以尽早恢复泌乳，必要时可间隔 3～4 小时重复肌内注射一次。或用缩宫素 30 万单位肌内注射，每天 2 次。

⑤加强饲养管理，减少应激反应。于母猪产前产后 1 周采用平衡的限制性饲料饲喂，同时添加一定量的小麦麸，以起到轻泻作用，防止发生便秘。对产仔舍和母猪体表要进行严格的消毒，认真执行"转出→清洗→2‰烧碱消毒→干燥 7 天→再转进"制度。

67. 母猪产后膀胱弛缓怎么办？

(1) 诊断要点　产后母猪久不见排尿，呻吟，后肢开张，步态蹒跚，触压后腹膀胱区有波动感或坚实的球状物，可见滴尿或无尿，人工导尿可大量排尿。

(2) 病因分析　母猪分娩时间过长，产痛使膀胱肌缩无力、弛缓或麻痹，尿液积于膀胱不能排出而发病。

(3) 防治要点

①母猪产前应适当运动，尽力诱其排出大量尿液。

②对分娩时间过长的母猪，分娩间歇期应驱赶母猪游圈或赶至粪堆处诱其排尿；无效时应及时进行人工导尿。

③对曾有本病史的母猪，分娩前 6～12 小时可每千克体重肌内注射甲基硫酸新斯的明 0.04 毫克，每天 2 次，连用 3～4 天。

④如见产后母猪膀胱破裂，应及时剖腹施行膀胱修补术，吸净腹腔尿液，用生理盐水冲净腹腔，注入抗生素后闭合腹壁。为防止全身感染，应配合应用抗生素疗法和对症疗法。

68. 如何从营养角度提高和改善泌乳母猪的产奶性能？

(1) 改善泌乳母猪日粮适口性，提高其采食量　母猪泌乳期饲料采食量不足，将影响产奶量和其后的繁殖性能。在实际生产中，泌乳期间母猪的平均采食量在 5～5.5 千克，而泌乳母猪维持本身机体代谢需要和产奶需要平均采食量应在 7 千克左右，所以泌乳母猪采食量一般达不到其正常需求。因此，营养学家和养猪生产者致力提高日粮适口性和日粮质量，以期最大限度地提高母猪泌乳期饲料采食量。

（2）提高哺乳母猪饲粮的能量和蛋白质　母猪在泌乳期间通常会表现为能量和蛋白质的负平衡。目前泌乳母猪日粮的平均能量水平为 13.06 兆焦/千克，平均采食量在 5 千克左右，母猪的能量摄入远不能满足产奶的需要，而必须动用体内的脂肪储备，这种能量需要的相对缺乏，在整个泌乳期都存在。添加脂肪是提高日粮能量水平的有效措施。妊娠后期或泌乳初期母猪日粮中添加脂肪，可以提高日产奶量和乳脂率，并进而提高仔猪的成活率。在选择脂肪时需注意脂肪酸的构成，建议减少使用饱和脂肪酸和长链脂肪酸比例过高的动物油脂。

氮的负平衡和体重降低会导致产乳量下降。降低氮负平衡的有效方式就是增加蛋白质摄入量。哺乳母猪饲料中的粗蛋白质水平对泌乳量有重要影响，饲粮蛋白水平与母猪产乳量、乳脂、乳中固形物含量存在显著正相关。泌乳期间母猪的蛋白质和能量摄入量都能影响乳房的发育，增加蛋白质和能量的摄入量可刺激乳房的增长。

（3）提高哺乳母猪日粮中赖氨酸和其他必需氨基酸的水平　提高哺乳母猪日粮中赖氨酸和缬氨酸水平。赖氨酸是哺乳母猪的第一限制性氨基酸。NRC（1998）推荐的赖氨酸需要量为 0.97%，但是氨基酸含量过高会导致一种支链氨基酸——缬氨酸的不足。日粮中缬氨酸与赖氨酸比率对泌乳母猪繁殖性能也有很大影响。母猪日粮中添加缬氨酸可促进仔猪生长，仔猪断奶重随添加缬氨酸水平的提高而增加。但目前还没有饲料级的商品化缬氨酸添加剂，其一般在玉米、豆粕原料中含量很低，羽毛粉和血粉中含量较高，但利用率不高。

（4）提供充足的维生素和矿物质　随母猪饲粮中维生素 A、维生素 E 还有叶酸添加量的提高，母猪初乳和常乳中维生素 A、维生素 E 还有叶酸含量会随之增加。母猪在妊娠和哺乳期间，会丢失大量的铁，特别是高产母猪，常常表现临界缺铁性贫血状态，而且降低对饲料的利用率。有机铁的吸收速度快、效率高，而且不会引起矿物质间的拮抗作用。母猪饲料中额外添加有机铁，不但能有效缓解高产母猪的缺铁状态，而且由于提高血红蛋白的携氧能力，从而提高了体内新陈代谢的速率，改善了饲料利用率。另外，血液中高的铁浓度还对下一胎的繁殖性能产生良好的影响。氨基酸螯合铁是一种良好的铁源。

饲料营养水平直接影响母猪的泌乳性能，为泌乳期母猪日粮提供足够的能量、蛋白质、维生素和矿物质，同时采用新的行之有效的营养调控手段，对母猪发挥最佳的生产潜力是非常重要的。

69. 母猪产后减食、奶少怎样应对？

母猪产后减食可能是由于产前母猪营养不均衡，产后饲喂精料过多而青绿多汁饲料及粗纤维不足，加之产后过度疲劳，体力衰竭，从而引起食欲紊乱。另外，母猪产后吞食了胎衣、死胎等，也会引起食欲下降。

（1）预防 应给予怀孕母猪营养丰富和易消化的饲料，但不宜喂得过肥。精粗饲料搭配合理，饲料中保持一定的粗纤维含量（8%～12%）。母猪产前30天调整日粮配方结构，要有足够的青绿多汁饲料，尤其要注意日粮的可消化性及钙磷比例和食盐、维生素的含量。给高产母猪喂一些含钙磷丰富、维生素较多的易消化饲料，对保证产后体力恢复具有重要的意义。母猪临产前5天开始逐渐减少精饲料喂量，多喂青绿饲料。产前让母猪加强运动，增强体质，利于产后体力恢复。母猪产后注意食盐、维生素、钙、磷的补充量。母猪产仔当天喂稀的易消化饲料，产后1～3天少喂精饲料，产仔4天后可增加精饲料喂量，在温热饮水中添加口服电解质。母猪产后及时处理胎衣，防止母猪吞食。

（2）治疗

①喂精料过多引起的减食：用黄酒250克、红糖200克、生姜末100克混匀，分次冲服。

②因缺钙、缺磷引起的减食：每头母猪喂服葡萄糖酸钙5克，每天3次，连用5～10天；骨粉或磷酸氢钙30克，每天2次，连用5～7天；或每头母猪静脉注射10%葡萄糖酸钙溶液300毫升，每天1

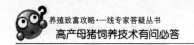
次，连用 3～5 天。

③改善母猪产后虚弱：每头母猪静脉注射 10％葡萄糖溶液 500 毫升，50％葡萄糖溶液 60 毫升，10％维生素 C 20 毫升，三磷酸腺苷 100 毫克，辅酶 A 250 国际单位。肌内注射 2.5％维生素 B_1 10 毫升，每天 1 次，连用 3～8 天。

④促进食欲：每头母猪用酵母粉 100 克、人工盐 20 克、健曲 20 克、水 1.5 千克，混匀后以胃管投服，每天 1 次，连用 2～3 天。

母猪产后缺奶或无奶多由于饲料单一、营养不良，配种过早导致乳腺发育不良，年龄过大或者乳腺机能减退，以及母猪过肥等原因引起。

经产母猪奶少多数是因为生理机能减退所致。治疗办法：调整日粮，多喂青绿多汁饲料，并用中药黄芪和王不留行各 200 克煎水灌服，每天 1 剂，连服 3～5 剂；产后 1 个月内，每周用海带 0.5 千克，泡涨后切碎加动物性脂肪 100 克，再加水 5 千克，慢火煮沸 1 小时，分成 7 等份，每天早上喂 1 次。

母猪过肥导致奶少或无奶时，每头母猪皮下注射催乳素 500～1 000 国际单位，连用 2 次；还可用中草药当归 100 克、木通 50 克、鲜柳树皮 500 克，煎水与小米粥混合喂给。

母猪一胎产仔较多（16 头以上），产奶量不能满足仔猪需求时，应采取寄养和加强母猪营养的措施。母猪日粮采用玉米 50％、豆饼 10％、鱼粉 10％、糠麸 27％、动物性脂肪 3％等高能量高蛋白质饲料；也可将新鲜蚯蚓剪成 3～5 厘米长的小段，挤出腹中物，洗净后用白开水冲汤，加适量红糖，凉至温度适口后直接喂给或拌饲料喂给，每天 1～2 次，每次 250 克左右。

70. 产后母猪食仔怎么办?

在养猪实践中，母猪吃掉或咬死仔猪的现象时有发生。

(1) 发生食仔的原因

①饥饿与营养缺乏：长期喂料不足，饲料单一，缺乏蛋白质、某些矿物质和维生素，再加上饥饿，造成母猪异食行为，发生食仔行

为。这种情况多见于年老瘦弱的母猪和初产母猪。

②母性过强：母猪有很强的辨别仔猪是否是自己所生的能力，寄养过来的仔猪，或偶尔窜入母猪舍的仔猪，容易被母猪认出而将仔猪吃掉。在接产或产仔后的管理中，所产仔猪被带上香水或香烟味道，则母性过强的母猪也可能将其误认为别窝仔猪，而将其咬死或吃掉。

③食仔癖：曾经吃过别窝仔猪或有异味的仔猪，或吞食过生胎衣、流产胎儿或死猪，可能会养成吃仔恶癖。

④母猪口渴而不能及时饮水：在母猪分娩过程中，高度紧张、呼吸急迫、胎水丧失，往往导致母猪口渴，如不能及时补充水分，母猪在产后或产中急需解渴，就会发生吞吃初生仔猪的现象。

⑤疼痛和恐惧：个别初产母猪未见过仔猪，以为仔猪要伤害自己，有恐惧心理。这种母猪见到仔猪时，往往眼睛瞪得很大，随时准备出击。一旦仔猪靠近它，不是被咬死，就是被咬伤。另外，难产及分娩的痛苦，会使母猪发生"迁怒"情绪，将痛苦、烦躁发泄于仔猪而咬死仔猪。乳头损伤、乳房炎、缺乳的母猪也会因哺乳仔猪造成母猪痛苦而咬死仔猪。

（2）防治措施

①加强母猪妊娠期的饲养，饲喂全价妊娠母猪料，保证营养全面，以防止母猪因营养缺乏而发生异食癖。

②认真做好接产工作，做到分娩完全结束时再离人。胎衣排出后，接产人员应将胎衣、死胎连同所污染的稻草、抹布等立即拿走，防止母猪吞食（但煮熟的胎衣喂母猪，通常不会引起食仔行为）。

③若母猪分娩产程较长，每产出一头仔猪立即把仔猪拿走，关在保温箱中。分娩中间，如果母猪站立，可让其饮一些糖盐麸皮汤。产后要让母猪饮足糖盐（最好是口服补液盐）麸皮汤，同时喂给适量的易消化、营养丰富的饲料，然后再放入仔猪吮乳。

④产前要加强对母猪的调教和训练，平时饲养人员要经常刷拭母猪，培养人畜亲和，产前几天要注意按摩母猪的乳房，以避免产后人或仔猪触及乳房时受惊。

⑤对有食仔恶癖的母猪，在产前应加强调教、按摩乳房，产出第一头仔猪后，立即注射催产素20～30单位，以缩短分娩时间和促进

排乳。母猪所产仔猪可关在保温箱内，待母猪安静且乳房已发胀时，再将仔猪放出吃乳。母猪在哺乳过程中，工作人员应守护在旁，发生问题应立即将仔猪与母猪隔离。

⑥产房环境应安静，舍内的光线不能太强。母猪在分娩时，应禁止陌生人员围观、喧哗。务必将母猪在产前7天转入产房，以让其适应产房环境和工作人员及饲料条件。母猪进入产房后，一直到仔猪断奶期间尽可能不调换工作人员。必要的话，可采用诱导分娩法，并使母猪分娩时间安排在夜间。

⑦产房中的每个产床（圈）应严格隔离，防止仔猪互相窜圈。产房管理人员不能吸烟和涂抹有气味的化妆品。寄养仔猪要进行严格处理，可用代哺母猪的胎衣或羊水涂擦在被寄养仔猪身上，或事先与代哺母猪的仔猪混在一起，让其互相接触一段时间，使寄养仔猪不被代哺母猪嗅出，以确保寄养成功。

⑧在母猪分娩过程中，产出仔猪5～6头，并且仔猪被毛已经干燥、运动活泼，同时母猪乳房膨胀、乳汁充足时，将仔猪从保温箱中放出哺乳。这既有利于仔猪一次吃足初乳，也有利于促进母猪的母性，减轻母猪分娩痛苦。而且，分娩过程中的母猪一般不会因为受到刺激立即站起，所以可先将一头仔猪放出做尝试，如果顺利，再将其余仔猪放出。以后分娩的仔猪，可另外组成一批，在1～2个小时后母猪乳房膨胀时，让剩余的仔猪也一次吃足初乳。

⑨对因乳房炎、乳头损伤及性情急躁的母猪，可注射氯丙嗪等镇静剂，使母猪处于睡眠状态，然后让仔猪哺乳，仔猪顺利哺乳几次后，母猪的母性会明显提高，就会接受仔猪哺乳。

对于用上述方法无效的母猪，可给其戴上笼嘴，喂食时取下，吃完食再戴上。但仍应小心，在母猪卧下后，先将仔猪放一两头出来，如果一切顺利，再将其他仔猪放出，如果母猪紧张，发出威胁的吼声和用目光怒视仔猪，则及时将仔猪抓回保温箱中。

71. 母猪胎衣不下怎么办?

母猪分娩结束后，一般经10～60分钟排出胎衣，若超过2～3小时不排出称胎衣不下或称胎盘停滞。

（1）诊断要点　母猪产后应及时检查胎衣上脐带与所产仔猪是否相符。母猪胎衣不下多为部分胎盘滞留，一般不易发现。胎衣在子宫中滞留 3 小时以上，就会因分解产生毒素而引起子宫内膜炎。母猪表现不安、努责、食欲减少或废绝，喜喝水，可引起全身症状，有时从阴门流出红褐色带臭液体内混有分解的胎衣碎片。

（2）防治方案

①肌内注射缩宫素 50 万单位，刺激宫缩排出胎衣。也可皮下注射催产素 5～10 国际单位，2 小时后再重复注射一次，或皮下注射麦角新碱 0.2～0.4 毫克；还可耳静脉注射 20 毫升的 10％氯化钙和 50～100 毫升 10％的葡萄糖。

若胎儿胎盘比较完整，可向子宫内注入 5％～10％盐水，促使胎儿胎盘缩小，与母体胎盘分离；若子宫内有残余胎衣碎片，可向子宫内灌注 0.1％雷佛奴尔溶液 100～200 毫升；每天 1 次，连用 3～5 天。

为防止胎衣腐败及子宫感染，可向子宫内投放粉剂土霉素或四环素 0.5～1 克。

②胎衣粘连，某个胎衣与子宫壁粘连，堵塞子宫口，使胎衣一部分或者全部不能正常排出。补救办法：

A. 肌内注射氯前列醇钠 0.1 毫克，宫口开放后看胎衣是否排出，如不能排出，将手伸入子宫将胎衣与宫壁剥离，使胎衣排出。排出后彻底清洗子宫，再放入适量抗菌药物。

B. 子宫内一次性灌注 10％高渗盐水 1 000 毫升，促使胎盘绒毛脱水收缩，从而从宫阜中脱出，一般 4～6 小时即见胎衣排出。

72. 母猪子宫脱出怎么办?

子宫脱出是指子宫内翻，翻转垂于阴门之外，是母猪产后危险的重症。

（1）诊断要点　本病大多发生于母猪产后数小时至 3 天内，常突然发病，子宫的一角或两角的一部分脱出，像两条粗的肠管，上有横的皱襞，黏膜呈紫红色，血管易破裂，流出鲜红色血液。不久，可很快发生子宫完全脱出。时间长时，黏膜发生瘀血、水肿，容易破裂出血，呈暗红色，易粘有泥土、草末、粪便。病猪出现严重的全身症状，体温升高，心跳和呼吸加快，若发现过晚、治疗不及时或治疗不当，往往死亡。

（2）防治方案　及时发现和整复子宫。应立即用消毒湿毛巾或湿纱布将脱出的子宫包好，以防止擦伤和大出血。将病猪半仰卧保定，后躯抬高，腰椎麻醉。给予镇痛、强心。用消毒药洗涤子宫，用肠线缝合破口后，整复子宫。助手托着子宫角，术者从靠近阴门的部分开始，先将阴道送入阴门内，再依次送子宫颈、子宫体和子宫角。为防止再脱出，用内翻缝合法缝合阴门。术后配合全身疗法、抗生素疗法以及对症疗法。

73. 母猪阴道脱出怎么办?

本病是阴道壁的一部分突出于阴门外所致。

（1）诊断要点　阴道脱出常发生于妊娠后期，脱出物约拳头大，呈红色半球形或球形，初发生时，母猪卧地时阴门张开，黏膜外露呈半球形，当患猪站立时，脱出部分自行收回；以后可发展为阴道全脱出，不能自行缩回，黏膜变为暗红色，常沾污粪便，甚至黏膜干裂、坏死。病猪精神食欲大多正常。

（2）防治方案　针对病因采取相应措施，常见病因有母猪怀孕期营养不足，缺乏蛋白质和矿物质；母猪老龄，长期卧地、运动不足、便秘或拉稀，以及难产、过度努责等。整复脱出的阴道：冲洗消毒，可选用 0.1% 雷佛奴尔、0.1% 新洁尔灭、0.1% 高锰酸钾液，冲洗脱出的阴道。除去水肿和坏死组织，用毛巾浸 2% 明矾水轻轻挤压排除水肿液，除去坏死组织。整复脱出阴道，用双手慢慢将脱出的阴道推回阴门内。阴门固定缝合，可选用圆枕缝合、纽扣缝合或双内翻缝合，但阴门要留有排尿口，5～7 天拆线。阴门组织药物封闭，可选用 75% 医用酒精 40 毫升或 0.5% 普鲁卡因 20 毫升，在阴门两侧深部组织分两点注射封闭。治疗期间，不要喂食过饱，加强饲养和护理。

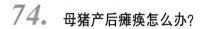

74. 母猪产后瘫痪怎么办?

本病是母猪产后数小时至 5 天内突然发生的一种营养代谢性疾病。

(1) 诊断要点 病猪表现站立困难,后躯摇摆,行走谨慎,后躯不稳,肌肉有疼痛敏感反应,食欲锐减或拒食,大便干燥或停排,小便赤黄,体温正常或略偏低。缺奶或无奶。后期知觉迟钝或消失,四肢瘫痪,精神萎靡呈昏睡状态等。

(2) 防治方案 日粮中加入 1% 的骨粉、碳酸钙及 0.3% 的食盐,在日粮中适当加大麦麸、米糠等含磷较多的饲料,并尽量多喂青绿饲料,对预防母猪瘫痪有良好效果。对病情严重的母猪,可用 5%~10% 氯化钙注射液 40~80 毫升一次静脉注射或用 10% 葡萄糖酸钙 50~100 毫升,加入 5% 的糖盐水 250~500 毫升静脉注射,每天 1 次。

75. 母猪产后高热怎么办?

母猪产后高热主要是产后细菌感染所致,尤其夏季炎热季节此症状较为多见,如不及时治疗,可很快导致母猪死亡。其症状表现为体温升高达 42℃,脉搏 110 次/分左右,精神高度沉郁,卧地不起,皮肤增高而发红,食欲废绝,张口呼吸,可见黏膜潮红。大便较干,尿发黄。

(1) 取 5 000 毫升温水,加入少量洗衣粉,用胃导管插入直肠,将洗衣粉灌入直肠,随着洗衣粉水外流,将直肠内的粪便冲出体外。

(2) 取氯化钠 17.5 克、氯化钾 7.5 克、碳酸氢钠(小苏打)12.5 克、安乃近粉 10 克、葡萄糖粉 100 克,加温水 500 毫升溶解后,用导管灌入直肠深部。

(3) 肌内注射青霉素 480 万国际单位、30% 的安乃近,10 万国际单位×4 支。

(4) 中药治疗 竹叶、葛根各 60 克,防风、桔梗、山楂、神曲各 30 克，大枣、白术各 40 克、党参 50 克，陈皮 25 克，甘草 20 克，煎汤灌服，每天一剂，连服 3 剂。

76. 母猪产后子宫炎如何防治？

如果母猪仅在产后 10 天内阴道有脓性分泌物排出，不影响断奶后配种，这种炎症在生产中可以被忽略。但有部分纯种母猪，阴道脓性分泌物在产后 20 天仍然排出，往往导致配种率降低。

建议采用如下防治措施：

（1）在母猪分娩前用 1‰高锰酸钾清洗阴户，在母猪分娩结束时注射 3 毫升催产素或 1 毫升律胎素，以保证子宫内残余物排尽。

（2）在母猪产仔并排出胎盘后分别向母猪子宫内灌入 50 毫升子宫净或 100 毫升宫炎清，或注射长效得米先等抗生素，可以有效防止子宫炎的发生，把母猪产后子宫炎消灭在发病前。

（3）分娩后注意观察，一旦发现有阴户流脓现象，应及时选择 1‰盐水、0.02‰新洁尔灭或 0.1‰高锰酸钾溶液等用子宫洗涤器冲洗子宫，每天 1 次，每次每头母猪 200 毫升，等到阴户排出的液体透明无脓时，再向子宫内一次性注入 240 万国际单位青霉素和 100 万国际单位链霉素。

（4）治疗母猪子宫炎应从两方面着手：①在母猪产后注射药物，如前列腺素等，促使母猪尽快排出胎盘和污物，消灭感染源。②子宫冲洗消毒类药物，如达力朗、宫炎清、利凡诺、子宫净等，对患子宫炎的母猪可进行多次冲洗，结合注射抗生素类药物，效果会更好。

77. 如何防治母猪阴道炎？

（1）症状 母猪发情周期正常，屡配不孕，即使妊娠大多数也流产，从阴门排出絮状的混浊黏液，特别是发情或卧下时排出较多。严重时由阴门排出带有恶臭味的灰白色或黄褐色的脓性渗出物或脓液。有的食欲减退或废绝，体温升高。

（2）防治方法

①母猪配种时，对阴门周围皮肤要进行严格消毒，可用新洁尔灭0.1％溶液冲洗。

②人工助产时，待胎衣排出后，用生理盐水 50 毫升加青霉素160 万国际单位×5 支，用消毒过的导管将生理盐水灌入子宫内。

③如阴道炎、子宫炎已发生，用青霉素、链霉素治疗不见效时，可用露它净 1 支（4 毫升）加入到 100 毫升生理盐水内，用一个 100毫升注射器，注入子宫内（先将一输精管插入子宫），每天一次，连用 3～4 天，效果较好。

为了加速排出子宫内脓性分泌物，注入后，可肌内注射催产素40 万国际单位；如体温升高或者有全身症状时，可肌内注射青霉素160 万国际单位×3 支，30％的安乃近注射液 10 毫升×3 支，每天 1次，连用 3～4 天。

母猪无乳综合征是当今集约化猪场分娩母猪哺乳期常见的疾患之一，主要见于初产及老龄母猪。临床特征主要是厌食，精神萎靡，不愿让仔猪吮乳，乳房无乳及泌乳不足。

78. 如何预防母猪无乳综合征？

（1）加强母猪的饲养管理，在怀孕期间及产前、产后要加强青绿多汁饲料及补充含蛋白质、矿物质以及维生素的全价配合饲料。

（2）母猪分娩前 7 天进入产房，产房必须事先经过彻底清洁与消毒。分娩当天不喂食，要保证饮水供应，冬季要饮温水。有条件的猪场，可给分娩母猪饮小米稀汤，加 100～200 克红糖。分娩时可给母猪肌内注射催产素 5～10 毫升，促进子宫收缩，缩短分娩时间，促进胚盘碎片和炎性分泌物的排出。

（3）分娩母猪在分娩当天，肌内注射青霉素 160 万国际单位×3支，安乃近 30％注射液 10 毫升×3 支；或在分娩前 3 天，在母猪饲料加入硫酸钠 1～1.5 千克/吨饲料，或在饲料中加入磺胺-5-甲氧嘧啶 1 千克/吨饲料，安乃近粉 200 克/吨饲料，碳酸氢钠（小苏打）500 克/吨饲料，充分混均，连续饲喂 3～5 天。这样不仅可以预防无乳综合征，同时可防止子宫炎、乳房炎、仔猪黄白痢发生。

79. 如何治疗母猪无乳综合征？

（1）激素疗法 肌内注射乙烯雌酚 4～5 毫升，每天 1 次；有乳汁而乳汁不畅，肌内注射缩宫素 5～6 毫升，每天 1 次或静脉注射 30 万～40 万国际单位；或者肌内注射垂体后叶激素 5～6 毫升，一般 2 天后恢复泌乳。

（2）注射催乳灵 2～3 毫升，每天 2 次，或使用"母奶爱"促乳，同时可以防止母猪乳房水肿、乳房炎等症。

（3）中草药治疗 催乳灵 15 片，一次内服或通乳散 100 克分两次服，每天 1 次。王不留行 40 克、川芎 30 克、通草 30 克、当归 30 克、党参 30 克、桃仁 20 克，研末，加 5 个鸡蛋作引喂服，每天 1 剂，连服 3 天。

（4）白酒疗法 白酒（63°）100 毫升，颈部肌肉分点注射，间隔 6 小时再注射一次，12 小时后即能泌乳。对轻微缺乳母猪，每次 30～40 毫升白酒，拌入饲料喂服，每天 2 次，2 日为一疗程，效果颇佳。

80. 怎样用腹腔注射治疗哺乳母猪疾病？

种母猪在产后所需要的营养物质既要维持自身的需要，又要给仔猪提供乳汁。而母猪常因消化机能和内分泌机能紊乱或因饲养管理不善等原因引起产后慢食或不食，导致营养缺乏症。且母猪产后体虚，易受风寒等外邪的侵袭发病。在临床实践中，采用腹腔注射疗法治疗产后哺乳母猪疾病，有良好的效果。

（1）腹腔注射方法 在猪的左肷上部，常规消毒后，用 12～16 号长针头刺入，穿透腹壁，当感到针头无阻力时，说明已刺入腹腔，接上静脉导管即可注射。

（2）症状及治疗

①症状一：母猪乳汁少，仔猪不停地拱母猪。母猪膘情较差，体

温 39.5℃，粪便正常。诊断为母猪产后虚弱，营养缺乏，疲劳，微感风寒。

治疗　腹腔注射 10％葡萄糖 1 000 毫升，糖盐水 500 毫升，30％安乃近 20 毫升，10％安纳咖 10 毫升，维生素 B 20 毫升。注射后母子隔离 6 小时，让母猪充分休息。6 小时后喂给母猪麸皮与小米粥一脸盆，一天后痊愈。

②症状二：母猪感冒，不食，发热，便秘成球，尿黄量少，鼻镜发绀，无汗，体温 41～42℃，呼吸较急促。

治疗　腹腔注射糖盐水 1 500 毫升，10％樟脑水 10 毫升，30％安乃近 20 毫升，10％磺胺嘧啶钠 100 毫升。一天后病猪先便秘，后转正常，痊愈。

（3）腹腔注射的好处

①母猪产后多体虚、不食，是消化机能紊乱等原因所致，经腹腔注射其药物直接经腹膜及肠壁吸收，见效快。

②腹腔注射简便易行，比耳静脉注射省事，保定猪不太费事，大多数猪经畜主挠痒就能顺利的实施腹腔注射。

③对种母猪在哺乳仔猪期经腹腔注射输液，供给糖、生理盐水等电解质，提供必要的营养物质，吸收最快，收效最好。

④膘情较好的猪肌内注射，因皮下脂肪较厚，不易被机体吸收，采用腹腔疗法避免了这一缺点。

⑤腹腔注射治疗一次不能治愈的，可连续注射，每天 1 次。对经腹腔注射已见效但还没有完全治愈的，在母猪有了食欲后，可在食内添加治疗药物，避免经胃管投药的麻烦。

⑥腹腔注射疗法对各种类型的猪及猪病都适用，且见效快、疗效确实。

（4）注意事项

①进行腹腔注射时，须将药物加温到 30～40℃，否则，猪易骚动，不利于腹腔注射。

②经肌内注射的药物，一般可进行腹腔注射。

③含钙制剂的药物忌腹腔注射。

81. 如何治疗哺乳母猪霉玉米中毒？

（1）症状及诊断　哺乳母猪出现外阴红肿，流黏液，乳房稍肿胀，但哺乳仔猪吃奶次数增多，其他未见明显异常。

在配料过程中发现有霉玉米，随后出现上述情况则可诊断为玉米赤霉烯酮中毒。

（2）治疗

①立即停喂原饲料，对料槽进行清洗，饲喂新配饲料。断奶仔猪继续使用开食料 7～15 天，更换饲料要逐渐进行，减少营养应激；在断奶前后尽可能避免免疫接种，免疫刺激可以促使感染猪圆环病毒的仔猪出现临床症状。

②饲料中加入脱霉毒素清（洗心散），每 500 克拌料 400 千克，连用 1 周，可吸附、分解猪体内的毒素。饮水中加入 5% 多维葡萄糖保肝解毒，连用 5 天。

③流产母猪、哺乳母猪每天再分别添加 5% 阿莫西林 25 克，连用 5 天，以防子宫炎、乳房炎。采取上述措施10天后，猪群症状明显减轻。

（3）注意事项

①霉变饲料的危害常被其他病症掩盖，养殖户很难认识到。玉米赤霉烯酮是高生物活性物质，饲料中含玉米赤霉烯酮 1～5 毫克/千克就可引起小母猪提前发情。饲料中长期存在毒素会使猪群免疫力下降，即使正常接种猪瘟、口蹄疫疫苗，抗体水平也低下，成为高危猪群。因此养殖户对霉变饲料的危害要有充分认识。

②选购饲料及其原料时要严把质量关，并储存在干燥通风处，与地面墙壁保持 25 厘米距离。饲料要少配勤配，缩短储存时间。在高温潮湿季节最好加入霉菌毒素吸附剂，以保证猪群健康。

82. 如何治疗哺乳母猪缺钙症？

哺乳母猪患缺钙症一般发生于产后 20～40 天，在散养猪户中发生较多，规模化的猪场发生较少。

（1）**临床症状** 患缺钙症哺乳母猪，轻者精神不振，食欲减退，卧多立少，行走无力，后肢负重困难并不停地交换，体温、心率、呼吸均正常；重者精神沉郁，眼闭昏睡，食欲废绝，卧地不起，强行扶起，站立困难，体温偏低，呼吸深缓，心跳缓慢。本病特有的症状是肌肉较丰满的部位颤抖，针刺四肢反应敏感，多发生于营养不良、有异食癖的母猪。

（2）**治疗措施** 静脉注射 5％葡萄糖生理盐水溶液 250 毫升、10％葡萄糖酸钙注射液 200 毫升、5％葡萄糖溶液 500 毫升、维生素 C 注射液 10 毫升×4 支，肌内注射维丁胶性钙注射液 5 毫升。以上药物，每天使用 1 次，连用 3～4 天。饲料改喂母猪专用料，并添加维生素 AD_3 粉。

防治该病首先应更新观念，改变传统的饲养方法，注重科学的饲养管理；其次按照哺乳母猪的营养标准正确配制饲料，保证饲料中钙、磷及其氨基酸平衡，是防治本病的关键。

83. 如何治疗哺乳母猪缺锌症？

（1）**临床症状** 哺乳母猪缺锌在初期表现精神不振，喜卧，动作迟缓，特别是起立或卧下时四肢频频交替，步样拘紧，出现原因不明的跛行。病情逐渐加重，可发展到前肢跪地吃食，进而四肢不能负重站立，病猪常呈侧卧，触摸四肢有疼痛感。这时检查病猪体温不高，呼吸、消化、神经系统均没有异常现象。

（2）**诊断** 根据临床症状、实验室检测，确诊为哺乳母猪缺锌症。

（3）**治疗措施** 硫酸锌粉剂每次 3 克，每天 3 次，拌料饲喂。为了减少哺乳母猪体内继续缺失锌，应及时采取断奶隔离措施。这时因病猪不能站立，采食困难，应加强护理，人工辅助病猪采食，一般 10 天后病猪即能恢复正常。

84. 母猪分胎次饲养技术有哪些优点？

随着胎次增加母猪在营养需要和疾病等方面发生了变化，母猪繁殖性状（产仔数、产仔间隔、初生重、受胎率、断奶头数、断奶个体重）和仔猪成活率都会受到不同程度的影响，因此有必要对母猪实行分胎次饲养。

(1) 饲料营养

①氨基酸：已经观察到头胎母猪和二胎以上母猪之间存在明显的差异，这是因为头胎母猪较二胎以上母猪要求更高的赖氨酸水平。

②微量元素和维生素：母猪体重随年龄增长而逐渐增加，母猪在每一个胎次中，按每千克体重计算，所得微量养分都比前次少，为了满足新增组织的需要，母猪实际需要量随体重的增加而增加。

③能量：对于不同胎次妊娠母猪的能量需要量，美国 NRC（1998）明确指出，配种体重越重，妊娠母猪能量需要越多。

在生产实践中，妊娠母猪日粮能量只要满足最低限度增重和体躯活动及胎儿增重即可，无需供给更多能量。

(2) 疾病控制 在分胎次生产技术中，二胎以上母猪场中母猪病原微生物携带量可急剧减少。

二胎以上母猪场不断引进高免疫力、不带毒（菌）的头胎母猪，二胎母猪场中的某些病原微生物最终可被排除。

分胎次生产体系所产的断奶猪可原样直接进入保育区及生长/育肥区。

由于头胎母猪抗体水平低，仔猪从母乳中获得的被动免疫也相对较低，结果头胎母猪场中就会有较多的病原微生物从母猪传给新生仔猪，如果仔猪与二胎以上母猪的仔猪没有隔离开来，就会导致仔猪交叉感染，仔猪腹泻率上升。

(3) 饲养管理 有效控制好母猪膘情。随着胎次的增加，母猪配种时背膘厚度呈下降趋势，第二胎母猪下降最明显。

生产中应把握不同胎次、不同生理阶段和不同体况特征母猪的营养需要，在妊娠期就注意膘情的调整，哺乳期加强母猪产后护理，断奶后采取短期优饲等方法。

做到个体化精细饲养，使母猪配种时体况较好，从而缩短断奶至配种间隔，提高猪场的经济效益。

(4) 预防压死仔猪 大龄母猪死产较多，可能是由于子宫肌肉无力而延长产程的缘故。活产仔猪中无论什么原因造成的死亡也随胎次的增加而增加，压死尤其随胎次的增加而增加。

母猪躯体和年龄越来越大，其动作灵活性和对被压仔猪尖叫的反应能力都可能下降，因而压死事件发生率就会增高。

将同胎次母猪放在同一单元分娩，并安排责任心强、工作经验丰富的饲养员对哺乳母猪及仔猪进行护理，可大大减少被压致死的健康哺乳仔猪数量。

四、断奶母猪的健康饲养

在我国传统的养猪业生产中，仔猪的哺乳期通常较长，一般在仔猪56～60日龄时才断奶，每头母猪年平均产仔1.6～1.8窝。为提高母猪的年生产力，仔猪早期断奶技术正在被逐渐推广应用，而且随着饲养环境和条件的不断改善，断奶日龄越来越早，最早的在仔猪出生后5天就断奶。目前在我国部分集约化养猪场已经普遍采用早期断奶技术。一般多采用28天或35天断奶，少数猪场正在试验超早期断奶，即14天或21天断奶。

那么，母猪的断奶时间和其年生产力之间有什么关系？

早期断奶可以缩短母猪的产仔间隔（繁殖周期），增加年产仔窝数。

$$断奶母猪的年产仔窝数 = \frac{365}{妊娠期 + 哺乳期 + 空怀期}$$

可见，自妊娠开始直到空怀期，这段时间为一个繁殖周期。其中，妊娠期平均为114天，其时间基本上是没有什么变化的。而哺乳期和空怀期则有着很大的变化空间，也就是说：哺乳期和空怀期的长短直接影响繁殖周期的长短。其次，若母猪的泌乳期短，则体重消耗少，断奶后可迅速再次发情配种。这样就进一步缩短了繁殖周期，可提高母猪的年产仔胎数，从而提高母猪的年产仔总数和断奶仔猪的头数。

85. 断奶日龄有何重要性？

仔猪哺乳到一定日龄时停止哺乳，称为断奶。仔猪断奶日龄关系到整个猪群的饲养管理、工艺流程和母猪群的繁殖效率。我国养猪从传统的60日龄断奶减少到35日龄，一些规模猪场现在多采用28日龄断奶，技术较好的猪场21日龄左右断奶，有的甚至更低。美国是世界上养猪水平较高的国家之一，从 1990—2000 年十年间，美国的仔猪断奶平均日龄从 28.8 天降至 19.3 天，仔猪早期断奶已成为提高母猪产仔数和育成头数的关键性措施之一。只有当断奶日龄对母猪繁殖性能不会造成显著影响、对仔猪的健康生长发育有一定的基础设施和防御措施，同时产房内设施充分得到利用的情况下，猪场才能实现断奶增产的预期最大产量。所以，生产者和养殖者要充分考虑到自身的硬件和经济基础而采取相应的仔猪断奶时间，确保猪场生产的顺利进行。

86. 早期断奶有何重要意义？

仔猪早期断奶对母猪的生产力有着极大的意义和价值。例如：可以显著提高母猪年产窝数和年总产仔数。早期断奶使母猪哺乳期缩短，同时也缩短了母猪的产仔间隔，可显著提高母猪的年产窝数和年产仔数。断奶日龄由 35 天缩短到 14 天，则产仔间隔由 156 天缩短到 135 天，年产窝数由 2.34 窝增加到 2.70 窝，以窝产仔数 10 头计算，平均每年每头母猪可多产仔猪 3.6 头，经济效益尤为可观。仔猪早期断奶主要有以下优点：

（1）提高母猪的年生产力 仔猪早期断奶可有效缩短母猪泌乳期，加快繁殖周期，增加母猪的年产窝数，提高母猪利用强度。另外，由于母猪的泌乳期缩短，体重消耗少，断奶后能迅速发情配种，这样又进一步缩短了繁殖周期，提高了母猪年产仔胎数，从而提高母猪产仔总数和断奶仔猪头数。

有人按一年的天数和母猪产仔后生殖器官恢复的时间，推算出仔猪不同日龄对母猪繁殖力的影响（表6）。

表6 仔猪断奶时间与母猪繁殖力

断奶日龄	断奶至第一天发情（天）	妊娠率（%）	年产仔猪窝数	产活仔猪头数		成活仔猪头数	
				窝产（头）	年产（头）	窝成活（头）	年成活（头）
1	9	80	2.70	9.4	25.4	8.9	24.1
2	8	90	2.62	10.0	26.2	9.5	24.9
3	6	95	2.55	10.5	26.8	10.0	25.4

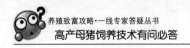

（续）

断奶日龄	断奶至第一天发情（天）	妊娠率（％）	年产仔猪窝数	产活仔猪头数		成活仔猪头数	
				窝产（头）	年产（头）	窝成活（头）	年成活（头）
4	6	96	2.44	10.8	26.4	10.3	25.0
5	5	97	2.35	11.0	25.9	10.5	24.6
6	5	97	2.22	11.0	24.4	10.45	23.2
7	5	97	2.17	11.0	23.9	10.5	22.7
8	4	97	2.15	11.0	23.7	10.5	22.5

注：引自李炳坦等的《养猪生产技术手册》

从表6可以看出，仔猪出生后3周龄断奶，母猪年产活仔猪头数和成活仔猪头数均较高。但此时断奶的仔猪由于消化功能尚不完善，需要吃人工乳和给予良好的管理条件，才能保证较高的成活率和正常的生长发育。鉴于成本较高，所以3周龄断奶，目前国内尚未普遍用于养猪生产。4周龄和5周龄断奶，每头母猪每年可以生产活仔猪数分别比8周龄断奶的母猪多获得初生仔猪2.7头和2.2头，多成活仔猪2.5头和2.4头。目前仔猪4～5周龄断奶，已经得到推广应用。

（2）有利于仔猪生长发育　虽然仔猪在刚断奶时由于断奶应激的影响，增重较慢，一旦适应后增重加快，可以得到生长补偿。早期断奶仔猪能自由采食营养水平较高的全价饲料，防止母猪因为泌乳量的不同造成生长不均匀情况的发生。中国农业科学院畜牧兽医研究所的试验结果表明：21日龄和42日龄断奶的仔猪，体重达到20千克时的日龄分别为65.2天和62.2天，而且断奶的暂时影响已经得到补偿。由于过好了断奶关，对以后仔猪的生长发育更有利。

（3）节约母猪饲料，提高饲料利用效率　仔猪早期断奶后减少了哺乳母猪的高额用料，避免饲料营养转化为母乳，再由母乳营养转化为仔猪生长需要而造成的双重转化的浪费。试验证明，仔猪3周龄断奶时，仔猪饲料加母猪饲料比仔猪6周龄断奶总计节约饲料成本20％～25％，总饲料成本降低4％～9％。表7为辽宁马三家机械化养猪场仔猪不同断奶日龄的经济效益分析。

表7 仔猪不同断奶日龄的经济效益

断奶日龄	哺乳期母猪饲料消耗量（千克）	56日龄每头仔猪饲料消耗量（千克）	每头仔猪分担母猪的饲料消耗量（千克）	56日龄内仔猪净增重（千克）	56日龄内仔猪每千克增重料量（包括母猪饲料）（千克）
28	125	16.8	11.36	13.34	2.11
35	164	14.9	14.91	12.85	2.32
50	239	11.7	21.73	12.98	2.58

由表7看出，28日龄断奶，哺乳期饲料消耗分别比35日龄和50日龄断奶少75千克和114千克。仔猪56日龄时，每千克增重耗料量分别减少0.26千克和0.47千克，如按每头仔猪增重16千克计算，每头猪可节约饲料7.52千克和4.16千克，年产1万头仔猪的猪场，可节约饲料41.6吨和75.2吨。

（4）提高分娩猪舍和设备的利用率 工厂化猪场实行早期断奶，可以缩短哺乳母猪占用产子栏的时间，从而提高每一个产子栏的年产窝数和断奶仔猪数，相应降低了生产1头断奶仔猪的产栏设备的生产成本。如深圳万丰猪场，将1条年生产万头商品猪的生产线，由4周龄断奶改为3周龄断奶（1988年的实际产量），每个产栏年产窝数和年断奶头数提高近17％（表8）。

表8 3周龄与4周龄断奶的生产效果比较

指 标	哺乳4周龄（设计规范）	哺乳3周龄（实际产量）	提高（％）
年断奶窝数	1 040	1 215	16.8
年断奶头数	9 360	10 918	16.6
周断奶窝数	20	23.4	17.0
周断奶头数	180	210	16.7
年断奶窝数/产栏	10.4	12.15	16.8
年断奶头数/产栏	93.6	109.18	16.6

（5）减轻母猪生理负担，降低母猪淘汰率 母猪提早断奶对生产力无显著影响。由于缩短了母猪的哺乳天数，妊娠期不变，胎次增

加，改变了母猪的生理机能，从而明显减轻母猪的生理负担，避免负担过重、失重过多使母猪保持良好的体况，有利于下一个繁殖周期的发情配种，延长母猪的利用年限。据一项试验结果表明，21日龄和28日龄断奶的母猪一般在断奶后3～7天发情，而60日龄断奶的母猪要7～10天后才能发情。

(6) 提高了仔猪的日增重和均匀度　母猪的泌乳量一般从仔猪21日龄起已不能满足仔猪的生长需要，这时根据断奶仔猪营养的需要饲喂全价饲料，有利于促进仔猪生长潜力的发挥，减少弱猪、僵猪的比例，而获得体重大而均匀的仔猪。

(7) 减少仔猪死亡率　压死和下痢是仔猪死亡的重要原因。母仔早期分离，可以防止母猪压死仔猪；早期断奶也减少了母猪与仔猪之间一些疾病与寄生虫病传染的机会，减少疾病的发生。

87. 怎样确定仔猪的最佳断奶日龄？

(1) 断奶后能量摄入水平是影响肠绒毛高度和免疫机能的主要因素。因此应该根据猪场的实际生产水平确定具体断奶时间。尽管17日龄断奶比35日龄断奶早18天，但是，如果对17日龄断奶猪补饲4天左右的液体代乳料，可以减少断奶对仔猪小肠的刺激，从而使仔猪小肠受到的刺激程度大体上与35日龄断奶喂固体饲料的仔猪小肠所受到的刺激程度相当。

(2) 断奶越早的仔猪肠上皮间杯状细胞数量越多，肠上皮间杯状细胞可通过特异性免疫机制和非特异性免疫机制参与并调节肠道局部的免疫机能。肠上皮间杯状细胞可能在断奶较早的仔猪肠道免疫机能的调节中起重要作用。

(3) 仔猪断奶的日龄，一般可根据生产任务和饲养管理水平来确定。据中国农业科学院畜牧兽医研究所试验报道，母猪产后不早于3周龄断奶，就不会影响以后的繁殖效果；仔猪满3周龄时体重不低于5千克、生长发育正常、有一定的抵抗力，不会给断奶后的人工培育带来困难。过早断奶会导致母猪下一胎窝产仔数减少，尽管年产仔胎数增加，但年产仔猪数并不能增加。一般认为，当前推广仔猪28～

35 日龄断奶是可行的。

仔猪由吃初乳得到被动免疫力，在第 16 日龄左右降低到保护水平之下，需要通过主动免疫来获得免疫力，因此，断奶日龄还取决于猪群内的特定疾病。

88. 仔猪早期断奶有哪些注意事项？

仔猪早期断奶易患断奶应激综合征。例如，环境应激、营养应激、免疫不成熟性。断奶越早应激反应就越大。仔猪断奶后易患腹泻，由于水占仔猪体重的 70%，因此，腹泻引起的脱水会造成仔猪体重降低，如果不及时处置将导致仔猪死亡。很多时候是前一天晚上在产房看到一窝仔猪出现腹泻，本应该当时就采取措施，但由于是突发事件当天没有处置，第二天早上便看到这一窝仔猪死亡。可见，类似问题一旦发现不容忽视。早期断奶应激综合征已成为困扰集约化猪场的关键问题，其原因主要是饲养管理不善所致，因此必须加强早期断奶后仔猪的饲养管理，可相应减少给猪场带来的损失。

(1) 提高免疫力 仔猪出生时没有先天性免疫力，必须通过吃初乳才能获得。初乳是母猪分娩后 5～7 天内分泌的淡黄色乳汁，与常乳的化学成分不同。初乳中含有丰富的营养物质和免疫抗体，对初生仔猪有特殊的生理作用，在小肠内几乎能全部被吸收，有利于增强机体抵抗力。因此最好使仔猪尽量早和尽量多地吃到初乳，至少在出生后 2 小时内让每头仔猪都吃到足够的初乳。同时还要让仔猪固定乳头哺乳。瘦小的或吃不上奶的仔猪尽早寄养或人工辅助哺乳，在集约化猪场最好在产房的一侧的 1～2 个产床设置人工乳头，专门用来进行人工哺乳。

(2) 饲喂营养全价的日粮 营养全价的日粮中除每千克饲料消化能不低于 13.44 兆焦外，还要注意适当添加调味剂，增加仔猪的采食量；添加酸化剂维持胃内酸度；适当的粗纤维促进胃肠道的蠕动和消化液的分泌；以及添加抗生素和微量元素以提高仔猪的抗病能力。饲喂应采取分阶段饲养、遵循少给勤添的原则。

(3) 仔猪的管理 猪场最好采用全进全出的管理模式，应坚持定期清洗和消毒，以杀灭病菌，防止疫病发生。确保舍内空气新鲜、温度（冬天保暖）和湿度适宜。减少仔猪由于转群而引起的应激反应，为防止应激转群前最好早期补料。断奶要逐步进行，逐渐减少母猪的哺乳次数，采用移母不移仔断奶法。如要进行仔猪转群最好整窝转，转群后整窝饲养。断奶转群应动作轻柔地哄赶或使用专用车辆转运。仔猪断奶后 1 周内最好不进行去势或免疫，以免加重刺激影响生长。

（4）防止腹泻　断奶会使仔猪发生应激反应，而且断奶越早应激反应越明显。养好早期断奶仔猪的关键是控制好断奶仔猪腹泻症。仔猪发生腹泻的原因有很多，应结合猪场的实际情况，从营养和非营养角度全面进行分析，以便更好地预防仔猪腹泻的发生。对于严重的持久的腹泻，应取患猪的病料作病原微生物检查，根据检查结果，及时采取治疗措施，防止疾病的蔓延。

89. 早期断奶对母猪有何影响？

（1）对母猪群生产性能的影响　母猪在产后已消耗不少的体能再加上产后哺乳，其消耗就更大。但母猪自生产后便进入了一个为期 20～23 天的子宫修复期，这一时间与仔猪哺乳期重复交叉。所以，这段时间内要注意母猪的饲料营养，以帮助母猪更好地修复子宫和更好地泌乳。

①子宫修复在泌乳期内，母猪不会发情：

A. 哺乳仔猪会抑制母猪排卵与垂体激素分泌。

B. 哺乳行为会刺激催乳素的分泌，但是随着仔猪断奶或哺乳行为的减少，母猪血液中催乳素的水平逐渐降低，同时促黄体素（LH）和雌二醇的水平升高，从而刺激母猪发情。

由此可看出仔猪哺乳期所起到的发情抑制作用给母猪提供了一些时间进行子宫复旧。所以，为了使产后母猪能够尽快恢复到理想的繁殖状态，母猪的子宫必须要经过一个修复期。

在泌乳期前两三周内，母猪子宫的长度会迅速缩短、重量迅速减少，并且这个变化过程断奶之后仍会持续。在这个过程中子宫能够得到修复，以便为下一次妊娠做准备。泌乳天数如果少于 19 天，会对子宫复旧率、断奶至发情时间间隔以及以后的胚胎存活率产生一定的影响。如果产后24小时之内断奶，还会造成卵泡囊肿，因为此时促黄体素和促卵泡素均未受到抑制。至少需要2～3天的泌乳过程才能抑制促黄体素和促卵泡素的水平，而患有卵泡囊肿的母猪会出现返情推迟、间情期延长及发情不规律和产后不孕、屡配不孕等情况，这些都会直接影响经济效益。

②断奶至发情时间间隔：断奶日龄越大，断奶至发情天数越短。泌乳期如果短于10天，那么断奶至发情间隔会大大延长。泌乳期在3～4周之间的母猪断奶至发情间隔最短。泌乳期20天以上的母猪断奶后7天之内发情的比例高于泌乳期14～15天的母猪。与经产母猪相比，初产母猪在泌乳期短于21天的情况下更容易出现断奶至发情间隔延长的现象。这种现象可能与泌乳期的饲料采食有关。

③对母猪受孕率、分娩率及下一胎窝产仔数的影响：下一情期排卵率与泌乳期天数一般没有关系，但受胎率通常会随泌乳期缩短而降低，随泌乳期缩短，胚胎存活率呈下降趋势：

A. 低于21日龄断奶的母猪胚胎存活率会下降，因为其子宫内膜还没有完全恢复。分娩率同样会随断奶日龄降低而下降。

B. 与23～25日龄断奶的母猪相比，11～19日龄断奶的母猪其分娩率呈显著下降。

C. 低于18日龄断奶的母猪下一胎窝产仔数通常会降低，影响母猪下一胎窝产仔数的因素主要有子宫复旧的时间、排卵率、卵子受精率和胚胎存活率。

对于多数猪群，断奶日龄在3～4周之间为最佳，如果断奶日龄低于17天就会显著影响繁殖性能。对于不同的猪群来说，断奶日龄对繁殖性能的影响是不一样的。即便是猪种、营养条件、设施以及操作规范都一样的猪场，采用早期断奶的效果也有很大差别。因此，猪场在决定改变断奶日龄之前，应根据自己猪群中断奶日龄对繁殖性能和生产量的影响综合考虑。

(2) 早期断奶对母猪生理的影响

①断奶至发情的时间间隔与发情期持续时间的长短之间存在负相关关系。泌乳期短的母猪其发情持续时间也会缩短。这样的话，配种

计划也应根据断奶日龄的变化进行调整。间隔 24 小时进行两次授精，可以使母猪繁殖性能获得稳固的保障。对于经产母猪，若能保证泌乳期日采食量在 5.7 千克以上，即使在 10～19 日龄之间断奶，其断奶至发情间隔也可以控制在合理的范围内。泌乳期一定要最大限度地提高母猪的采食量，以便维持母猪的体况。如果泌乳期能量摄入不足，母猪就会过度消瘦，这样的母猪不论泌乳期多长都会出现繁殖障碍。

②实现泌乳期最高采食量，这既是重点，也是难点。提高采食量的方法包括增加饲喂次数、确保提供新鲜饲料、提高日粮营养浓度，以及提供每分钟 1 升流量的持续、充足的饮水。炎热气候下通过控制环境减轻热应激也可起到促进采食的效果。

③排卵率、受孕率、胚胎存活率以及分娩率的影响随泌乳期缩短呈下降趋势。与 23～25 日龄断奶的母猪相比，11～19 日龄断奶的母猪分娩率显著降低。不仅如此，8～10 日龄断奶母猪的分娩率变异范围相当大。此外，一些规模和饲养管理方法不同的猪场，观察到的受孕率与分娩率方面的下降程度也各不相同，这和其他方面的管理因素有着一定的联系。

④对下一胎窝产仔数的影响：低于 18 日龄断奶的母猪下一胎窝产仔数通常会降低。影响早期断奶母猪下一胎窝产仔数的可能因素包括子宫复旧的时间、排卵率、卵子受精率以及胚胎存活率。

⑤断奶窝重：泌乳期长的母猪仔猪断奶窝重高于泌乳期短的母猪。在 15（43.5 千克）、18（46.7 千克）、21（50.8 千克）和 24（55.8 千克）日龄断奶的母猪当中，平均断奶窝重随断奶日龄的增加显著提高。

⑥母猪的生产寿命与体况：缩短泌乳期使得每年每头母猪分娩窝数提高，相应地也提高了母猪机体的代谢需求。这似乎会导致母猪淘汰率上升，因为泌乳期短的母猪群平均淘汰胎次低于泌乳期长的母猪群。不过泌乳期短对于母猪来说也有一点好处，那就是泌乳期体重损失较少。

⑦母猪的年生产力：母猪的年生产力即平均每年每头母猪所产的断奶前仔猪的死亡率，以及产仔窝数。虽然缩短泌乳期会造成活产仔数下降，但却能够提高断奶前存活率，提高每年每头母猪分娩窝数。

断奶日龄从 25 天缩短至 13 天，每年每头母猪断奶仔猪数有所提高。然而，不同猪场之间的数据差异很大，不管在什么日龄断奶，由于管理水平、生产环境、营养以及遗传等多方面的因素都会影响猪场的生产表现，即使都在相同的日龄断奶，不同猪场也会得到不同的结果。

要想使母猪群达到最佳生产性能，断奶日龄需要安排在最佳的时段。缩短泌乳期会延长下一胎断奶至发情的时间间隔，过度降低断奶日龄则会直接影响下一胎的受精率和受孕率，减少窝产仔数。

90. 仔猪早期断奶的常见问题有哪些？

仔猪早期断奶技术对阻断某些疾病的传播和提高母猪的繁殖性能具有重要的意义，但其本身却给养猪生产者带来了一些新的问题。比如提早断奶后，仔猪因消化功能不健全而出现腹泻，因饲喂高蛋白饲料而引发痛风、水肿病等。腹泻通常会导致仔猪生长受阻、饲料利用率降低，如果腹泻严重并得不到及时有效的治疗，仔猪将可能成为僵猪甚至死亡；同时因腹泻导致仔猪体质低下继而感染其他疾病的情况也应特别注意。如因猪圆环病毒的存在而引起的断奶仔猪多系统衰竭综合征、断奶仔猪呼吸道疾病综合征等。仔猪断奶后腹泻的病因复杂，早期的研究着重于病原微生物（如大肠杆菌等）的防治上，但近期国内外的研究表明，断奶仔猪的腹泻与营养因素有密切的关系。大量的生产实践和科学试验表明：病原微生物往往不是断奶后腹泻的原发性病因，仅仅是继发性病因。因为仔猪的消化道发育尚不完善，消化酶系尚未健全，胃酸分泌不足，胃肠道微生物区系还不稳定等生物特点，使仔猪对断奶时发生的营养和环境条件等因素所引起的应激十分敏感，从而诱发消化不良，进而出现腹泻病症。

91. 仔猪早期断奶方法有哪些？

仔猪早期断奶方法及其优缺点主要有：

(1) 常规断奶法 此方法目前较为常用，即从仔猪 7 日龄或 15 千克体重左右采用同种乳猪教槽饲料，在 28～35 日龄之间进行断奶。此法的优点是操作较为简便，较少出现因频繁换料引起的应激等问题。缺点是无法满足乳猪在各阶段不同的营养需求，不能合理节约成本。若采用目前市场上普通的玉米-豆粕型乳猪料，易因未能满足乳猪断奶后的营养需求而出现断奶综合征；若完全采用加有血浆蛋白等营养成分的新型乳猪料，则因投入较大而可能影响猪场的经济效益。

(2) 提前断奶法 此方法是从仔猪 7～15 千克体重左右采用不同营养成分的乳猪料，在 21～28 日龄之间进行断奶。

①配制出生至断奶后 1 周的乳猪日粮通常会采用喷雾干燥的血浆蛋白粉、酸化剂、酶制剂以及高比例添加的乳清粉（乳糖）、氨基酸以及鱼粉等，而豆粕等植物性原料则需采用膨化工艺等进行加工处理。此阶段乳猪的生理和消化特点及饲料配制中应注意的问题如下：

A. 胃肠的消化酶缺乏：新生仔猪本身能分泌消化母乳的各种消化酶，而且乳糖酶含量很高。并可分泌足够的脂酶和蛋白酶消化母乳中所含的脂肪和蛋白质，但其他酶的分泌量及活性则很低。另外，早期断奶应激使正常的消化酶分泌受到抑制。因此，选择仔猪补料原料时，应特别注意原料的可消化性。加入酶制剂，会缓解此时仔猪体内酶源缺乏的状况。

B. 消化道分泌酸不足：初生仔猪由于消化器官未发育完善，内分泌系统不成熟，胃液中游离盐酸含量很少。但由于母乳中富含乳糖，其经胃中乳酸菌发酵后可产生有机酸，使消化道内的 pH 维持在较低的水平，从而使蛋白质的消化吸收得以顺利进行，同时还可以防止活细菌从环境中进入小肠下端，从而避免了腹泻的发生。但断奶以后，由母体获得的乳糖来源中断，故在此阶段的日粮中应加入酸化剂及较高水平的乳清粉或乳糖。

C. 免疫力低：初生仔猪可通过吸收初乳中的免疫球蛋白从而获得母源抗体，产生被动免疫；3 周龄后，母源抗体下降。断奶应激则会同时降低循环抗体的水平，抑制细胞免疫的能力。为了避免这一时期发生腹泻等疾病，可以在日粮中加入富含免疫球蛋白的血浆蛋白粉及抗菌药物。

D. 饲料抗原物质的影响：日粮中具有抗原活性成分的蛋白质及多糖等可能引起仔猪过敏，从而损伤仔猪的肠道组织，其一方面会导致麦芽糖酶和乳糖酶的数量和活性下降，另一方面使病原微生物容易在被损伤的肠道中大量繁殖，导致仔猪发生营养性和病原性的腹泻。

所以，在配制出生至断奶期仔猪日粮时，可以采用经过膨化工艺的植物性蛋白等原料进行调质处理，并在饲料调配中适当添加一定量的植酸酶，从而去除饲料中的抗原物质，减少仔猪腹泻的发生，提高仔猪消化系统的功能。

②断奶后 1 周至 15 千克体重阶段的日粮可以在第一阶段日粮的基础上适当降低蛋白质以及乳清粉（乳糖）的含量，同时停止添加价格昂贵的血浆蛋白粉。

（3）分批断奶法 此方法多为养猪专业户采用。根据仔猪的发育、食量、用途分别先后陆续断奶，直到所有仔猪全部与母猪分开。一般将发育好、食欲强及拟作育肥的仔猪先断奶；体弱或者留作种用的后断奶，适当延长哺乳期。这种断奶方法有利于弱小仔猪的生长发育，缺点是断奶期拖得过长，影响母猪的发情配种，而且先断奶仔猪留下的空乳头因无仔猪吸吮，导致母猪容易患乳房炎。

（4）逐渐断奶法 为减少哺乳次数的断奶方法。在仔猪断奶前5～7 天把母猪赶走，将仔猪留在原栏饲养，每天将母猪赶回原栏给仔猪喂几次奶，每次喂完后再将母猪赶走。仔猪吃奶次数逐渐由多到少。每次喂奶前，都要给仔猪喂料，以减少仔猪对母猪的依赖，也可以防止母猪突然停止喂奶而患上乳房炎等疾病。

92. 如何确保断奶工作顺利进行？

（1）养猪的各生产阶段实行全进全出制，避免将不同日龄的猪只混群饲养，从而减少接触感染病原的机会。

（2）建立猪场完善的生物安全体系，将消毒卫生工作贯穿于养猪生产的全过程，最大限度地降低猪场内病原微生物的传播机会，减少或杜绝猪群继发感染的概率。

（3）做好猪瘟、猪伪狂犬病、猪细小病毒病、气喘病等疫苗的免疫接种，提高猪群整体的免疫水平，减少呼吸道病原体的继发感染，增强猪只肺部的抵抗力。

（4）采取完善的药物预防方案，控制整个猪群继发感染细菌性疾病的机会，常用药物有支原净、金霉素、土霉素、强力霉素、阿莫西林、头孢噻呋、泰乐菌素、长效磺胺等，在母猪产前产后1周、仔猪断奶前和哺乳阶段提前用药预防。

93. 如何做好断奶母猪的发情和配种工作？

哺乳期母猪饲养管理得当、无疾病、膘情适中，大多数在断奶后1周内就可正常发情配种。但在实际生产中，常会有多种因素造成断奶母猪不能及时发情。由于季节、天气、哺乳时间、哺乳头数、断奶时母猪的膘情、生殖器官恢复状态等不同，经产母猪断奶后再发情早晚也不同，因此哺乳母猪的饲养管理尤为重要。

（1）了解引起断奶母猪乏情和不发情的原因

①年龄胎次：正常情况下，85%～90%的经产母猪在断奶后7天表现发情，却只有60%～70%的初产母猪在分娩后第1周发情。这一现象，主要原因可能是，初产母猪身体仍在发育中，没有完全达到体成熟；母猪在第一胎哺乳过程中，出现了过度哺育的现象，从而使母猪子宫恢复过程延长。但如果采用激素方法，这一问题可以得到解决。

②气温与光照：夏天环境温度达到30℃以上时，母猪卵巢和发情活动受到抑制。7、8、9月份断奶的成年母猪乏情率比其他时间断奶的高，青年母猪尤其明显。这些母猪的不发情时间可以超过数十日。季节对舍外和舍内饲养的母猪发情影响都很明显。每天光照超过12小时对发情有抑制作用。

③猪群大小：断奶后单独圈养的成年母猪发情率要比成群饲养

的母猪高。原因是随着猪群的增大，彼此间相互咬架，增加了肢蹄病和乳腺病的发生，营养吸收效果变差；公猪和人工观察发情效果变差。

④营养：引起乏情的最常见因素是能量不足。对母猪来讲，配种时的状况与哺乳期的饲养有很大的关系。若母猪的饲料单一，则哺乳期失重过多，造成母猪断奶时过瘦，抑制下丘脑产生促性腺激素释放因子，降低促黄体素和促卵泡素的分泌，推迟初产或经产母猪的再发情。因此，在哺乳期要使母猪体重损失控制在最低的水平，对后备母猪尤其如此。在哺乳期1周后，母猪应采取自由采食。夏天炎热季节要保证猪的食欲。成群饲养时要对个别瘦弱母猪进行特别维护。

⑤产后细菌或病毒侵入：母猪产后由于细菌或病毒侵入而引起子宫炎、卵巢炎或卵巢囊肿等疾病，造成子宫积液、积脓或卵巢内有持久黄体存在，从而影响母猪的再次正常发情。

⑥管理因素：熟悉和掌握母猪的发情鉴定技术并有较好的配种设施，可减少人为误判漏配。

（2）不同病因相应的治疗方法

①加强饲养管理：哺乳期母猪每天饲料需要量为2.5千克，再根据其哺乳的仔猪头数相应增加饲料，每头仔猪增加0.3千克饲料。增加母猪运动和光照时间。母猪营养不良或营养过剩都会使母猪不发情，对断奶后瘦弱母猪要加强饲养，提高饲料营养水平，增加精饲料，减少青粗饲料，让其迅速恢复膘情，促使发情；对于过肥母猪要减少精料，增加青粗饲料，加强运动，使母猪保持中等膘情。在母猪饲料中添加维生素和矿物质，或喂以青饲料补充维生素，可促进发情。

②换圈：将断奶后长期不发情的母猪换到新的圈内，与正在发情的母猪合并饲养，通过发情母猪的爬跨，促进母猪发情排卵。

③乳房按摩催情：对不发情母猪每天早晨按摩其乳房表层皮肤或深层组织10～20分钟，连续3～7天，可引起部分母猪发情。表层按摩是在乳房两侧来回反复按摩，深层按摩是在每个乳房以乳头为中心，用5个手指尖压控乳房周围，反复做圆弧捏摩。

④运动催情：运动可增强母猪体质，接触阳光和新鲜空气可促进新陈代谢、加快血液循环，对促进发情很有好处。将不发情母猪每天上下午各 1 次赶到运动场或在舍外驱赶运动 1～2 小时，有放牧条件的地方可每天放牧 2～4 小时，既可代替运动，又可从牧草中获得维生素等营养物质。

⑤诱导发情：用试情公猪追逐不发情的母猪，或把公、母猪每天短时间关在同一圈内。通过公猪的嗅觉、听觉、视觉刺激，公猪分泌的外激素气味和爬跨等接触刺激，促使母猪脑垂体分泌促卵泡激素，从而促进母猪发情排卵。此方法简便易行，是一种较有效的方法。也可以通过连续播放公猪求偶录音，利用条件反射试情，这种作用效果也很好。

⑥并窝或者控制哺乳时间：如果猪场有较多的母猪产期比较集中，可把产仔数少或者泌乳能力差的母猪所生的仔猪寄养给其他的母猪，使这些母猪不再哺乳而提前发情；或者在训练仔猪开食后，定时隔离母仔，减少哺乳次数，也可以促使母猪提前发情。

⑦采用激素促情：

A. 三合激素促情。给每头发情的母猪一次肌内注射 3～4 毫升三合激素，一般 2～4 天有 97％以上的母猪发情，发情母猪有 60％～70％可受胎。发情配种未受胎的 21 天内可自然发情。在母猪配种前半小时每头母猪肌内注射促排卵素 2 号 40 微克，可提高产仔数 37％。

B. 孕马血清促性腺激素及绒毛膜促性腺激素 对断奶后久不发情的母猪每头一次肌内注射孕马血清促性腺素 250～1 000 国际单位，绒毛膜促性腺激素 500 国际单位，1 天后将有 80％以上的母猪发情，这些发情母猪配种后有 90％可以受胎。

⑧中药催情：

A. 对久不发情的母猪也可采用中药催请。如淫羊藿 150 克、益母草 150 克、丹参 150 克、香附子 150 克、菟丝子 120 克、当归 100 克、枳壳 75 克，干燥粉碎后按每千克体重 3 克拌在母猪饲料中喂食，每天 1 次，连用 2～3 天，3～4 天后部分母猪可发情。市售的中药催情散也有一定的效果。

B. 阳起石 50 克，益母草 70 克，当归 50 克，赤芍 40 克，菟丝子 40 克，仙灵脾 50 克，黄精 50 克，熟地 30 克，加水煎两次混合成 2～5 千克，分三次服用。

C. 当归 45 克，生黄芪 45 克，王不留行 60 克，通草 24 克，烤麦芽 60 克，生神曲 30 克。水煎一次喂完，每天 1 剂，连服 2～3 剂。

D. 淫羊藿 50～80 克，对叶草 50～80 克，水煎后内服，每天 1 剂，连服 2～3 剂。

(3) 母猪发情的规律及配种时间

①母猪发情周期：母猪的发情周期一般为 16～25 天，平均 21 天左右。后备母猪多在 150～170 日龄发情。母猪断奶后 3～10 天发情。

②发情前期的表现：母猪兴奋不安，对周围的环境敏感，采食量明显下降，外阴部轻微红肿，初产母猪的表现比经产母猪更为明显。

③发情期的表现：试图爬跨其他母猪。外阴部红肿明显，可见黏稠分泌物。被其他母猪爬跨时站立不动，两耳竖立。

④排卵：一般母猪于发情后 36～40 小时开始排卵。只有发情期母猪才接受公猪的配种，所以要求母猪发情期最好配种 2 次，间隔 12～24 小时。

⑤适时配种：

A. 对空怀和已配种的母猪，每天清晨和傍晚巡回检查发情情况各一次。对已配种的母猪，在配种后 18～24 天和 38～44 天要特别注意检查是否返情，一旦发现发情和返情的母猪，应争取适时配种。

B. 发情母猪在发情持续期内要配种或输精 2 次。第一次是早晨压迫猪背部有站立不动反应时，于当日下午配种或输精一次，次晨再配种或输精一次；下午压迫猪背部有站立不动反应时，于次日晨配种或输精一次，下午再配种或输精一次。

C. 妊娠判断。妊娠判断最简单的方法是配种后 21～30 天内母猪是否再发情。如没有再发情就是已配成，否则就是没配成。连续 2 个情期没有配上的母猪应立即淘汰。母猪的生产时间推算，见表 9。

表 9 母猪预产期推算表

配种	1月	2月	3月	4月	5月	6月	7月	8月	9月	10月	11月	12月
1 日	4月25	5月26	6月23	7月24	8月23	9月23	10月23	11月23	12月24	1月23	2月23	3月25
2 日	4月26	5月27	6月24	7月25	8月24	9月24	10月24	11月24	12月25	1月24	2月24	3月26
3 日	4月27	5月28	6月25	7月26	8月25	9月25	10月25	11月25	12月26	1月25	2月25	3月27
4 日	4月28	5月29	6月26	7月27	8月26	9月26	10月26	11月26	12月27	1月26	2月26	3月28
5 日	4月29	5月30	6月27	7月28	8月27	9月27	10月27	11月27	12月28	1月27	2月27	3月29
6 日	4月30	5月31	6月28	7月29	8月28	9月28	10月28	11月28	12月29	1月28	2月28	3月30
7 日	5月1	6月1	6月29	7月30	8月29	9月29	10月29	11月29	12月30	1月29	3月1	3月31
8 日	5月2	6月2	6月30	7月31	8月30	9月30	10月30	11月30	12月31	1月30	3月2	4月1
9 日	5月3	6月3	7月1	8月1	8月31	10月1	10月31	12月1	1月1	1月31	3月3	4月2
10 日	5月4	6月4	7月2	8月2	9月1	10月2	11月1	12月2	1月2	2月1	3月4	4月3
11 日	5月5	6月5	7月3	8月3	9月2	10月3	11月2	12月3	1月3	2月2	3月5	4月4
12 日	5月6	6月6	7月4	8月4	9月3	10月4	11月3	12月4	1月4	2月3	3月6	4月5
13 日	5月7	6月7	7月5	8月5	9月4	10月5	11月4	12月5	1月5	2月4	3月7	4月6
14 日	5月8	6月8	7月6	8月6	9月5	10月6	11月5	12月6	1月6	2月5	3月8	4月7
15 日	5月9	6月9	7月7	8月7	9月6	10月7	11月6	12月7	1月7	2月6	3月9	4月8
16 日	5月10	6月10	7月8	8月8	9月7	10月8	11月7	12月8	1月8	2月7	3月10	4月9
17 日	5月11	6月11	7月9	8月9	9月8	10月9	11月8	12月9	1月9	2月8	3月11	4月10

（续）

配种	1月	2月	3月	4月	5月	6月	7月	8月	9月	10月	11月	12月
18日	5月12	6月12	7月10	8月10	9月9	10月10	11月9	12月10	1月10	2月9	3月12	4月11
19日	5月13	6月13	7月11	8月11	9月10	10月11	11月10	12月11	1月11	2月10	3月13	4月12
20日	5月14	6月14	7月12	8月12	9月11	10月12	11月11	12月12	1月12	2月11	3月14	4月13
21日	5月15	6月15	7月13	8月13	9月12	10月13	11月12	12月13	1月13	2月12	3月15	4月14
22日	5月16	6月16	7月14	8月14	9月13	10月14	11月13	12月14	1月14	2月13	3月16	4月15
23日	5月17	6月17	7月15	8月15	9月14	10月15	11月14	12月15	1月15	2月14	3月17	4月16
24日	5月18	6月18	7月16	8月16	9月15	10月16	11月15	12月16	1月16	2月15	3月18	4月17
25日	5月19	6月19	7月17	8月17	9月16	10月17	11月16	12月17	1月17	2月16	3月19	4月18
26日	5月20	6月20	7月18	8月18	9月17	10月18	11月17	12月18	1月18	2月17	3月20	4月19
27日	5月21	6月21	7月19	8月19	9月18	10月19	11月18	12月19	1月19	2月18	3月21	4月20
28日	5月22	6月22	7月20	8月20	9月19	10月20	11月19	12月20	1月20	2月19	3月22	4月21
29日	5月23		7月21	8月21	9月20	10月21	11月20	12月21	1月21	2月20	3月23	4月22
30日	5月24		7月22	8月22	9月21	10月22	11月21	12月22	1月22	2月21	3月24	4月23
31日	5月25		7月23		9月22		11月22	12月23		2月22		4月24

本表查阅举例：一头母猪于 8 月 25 配种，在第一行中查到 8 月，在第一列中查到 25，两者相交处的 12 月 17 日即为预计的分娩期。

94. 为什么夏季母猪的受胎率低？

猪属于常年繁殖生产的动物，而且目前的规模养殖场对喂养的种猪均进行了必要的选种和选育，并且进行了有目的的定向培育，使得种猪的繁殖生产性能得到了显著的提高。但在养猪生产中，夏季高温季节母猪的受胎率不仅明显低于其他季节，而且母猪的产仔数量减少，发生流产、生产弱胎、死胎以及木乃伊胎的现象增多，也严重影响夏季断奶母猪的再次发情配种。这些都直接影响到养猪业的经济效益。所以，养殖场要想有效地防范夏季母猪受胎率低的现象发生，就必须了解导致夏季母猪受胎率低的原因。

（1）营养性因素

①营养物质摄入量不足：在夏季炎热高温季节由于猪的皮下脂肪厚、散热能力差，猪的采食量、活动量相应下降，母猪繁殖所需的营养物质摄入不足，以致母猪发情排卵出现紊乱，从而影响配种和受孕，并出现死胎和弱胎。

②维生素缺乏或不足：夏季高温季节，饲料中维生素的稳定性遭到破坏，特别是脂溶性维生素 A、维生素 E 是维持母猪正常繁殖活动最基本、最有效的维生素。由于维生素的稳定性遭到破坏，导致饲料中的维生素缺乏或不足，因而导致母猪的受胎率低，并导致胚胎发育异常。

③营养片面，青饲料缺乏或不足：夏季种猪采食量下降，摄入的营养物质片面或某些营养物质缺乏（如硒元素、维生素 A、维生素 E 缺乏），加上青饲料缺乏或供给不足，影响母猪的正常繁殖活动。

（2）环境温度　公猪的精子活力与环境温度呈负相关，环境温度越高精子活力越低。夏季有些养殖场猪舍的气温高达 38～40℃，有些甚至更高。在气温过高的情况下，极易造成公猪性欲下降，精液稀薄、量少，精子活力明显下降，死精、弱精增多，加之母猪的配种时机把握不及时，极易造成母猪空怀不孕。该因素是导致夏季母猪受胎率低的最直接因素之一。

(3) 运动不足 夏季天气炎热，种猪的运动量相对减少，加上目前一些养猪场对种猪使用定位栏养殖，运动量更不足。公猪运动量过少，会导致精子活力下降，直接影响受胎率；母猪运动量不足，会影响母猪的正常发情排卵，同时也会使母猪四肢乏力而影响配种受孕。

(4) 疾病因素

①细小病毒病：该病影响母猪的繁殖生产性能，主要取决于母猪在哪个阶段感染，一般会导致母猪不发情、不孕、流产，产出死胎、弱胎、木乃伊胎以及导致母猪产仔数量减少等。空怀母猪感染后可影响正常的发情，一部分母猪会出现持续性不发情；配种初期感染会导致母猪既不出现返情征状，也不怀孕产仔；母猪怀孕初期感染会导致一部分胚胎早期死亡，并被母体吸收；母猪怀孕中后期感染会导致一部分胎儿中途死亡，胎水被母体吸收，母猪腹围减小，或产出死胎、弱胎、木乃伊胎或产少得可怜的几头仔猪；一般母猪在怀孕70天后感染，可正常生产一部分仔猪，但通常仔猪带毒，并成为新的传染源。预防细小病毒病一般在后备母猪或母猪配种前免疫细小病毒病疫苗，每头母猪2毫升即可。对后备母猪应间隔3周重复免疫一次。

②非典型猪瘟：该病会导致猪的免疫力下降，并引起母猪发生繁殖障碍。母猪妊娠10天前感染，导致早期胚胎死亡或被母体吸收，母猪出现返情或产仔数量减少；母猪妊娠10~15天感染，会增加死胎数量；妊娠中后期感染，导致死胎、弱胎，胎儿产后生长发育不良；母猪产前1周左右感染，虽不影响仔猪的存活，但会影响仔猪的生长发育。预防非典型猪瘟应在后备母猪或母猪配种前15~30天免疫猪瘟疫苗，剂量为每头母猪2~4头份。

③乙型脑炎：该病主要是蚊蝇传播，夏季多发。公猪感染乙型脑炎后，主要表现为睾丸炎，性机能减退，精液品质下降；母猪感染乙型脑炎后，除易发生急性流产外；经产母猪血液中抗体高，表现为配种困难、流产、产出死胎等。一般母猪产死胎、木乃伊胎，新生仔猪的死亡率均超过40%，经产母猪则在20%左右。预防乙型脑炎，一般对种公猪春秋各免疫乙型脑炎疫苗一次，对后备母猪应间隔3周重复免疫一次。

④钩端螺旋体病：该病能引起怀孕母猪的胎儿死亡、流产和降低仔猪的存活率。该病的潜期为1～2周，母猪在怀孕第1个月感染胎儿一般不受影响；第2个月感染则引起胎儿死亡，母猪流产和产木乃伊胎；第3个月感染则引起母猪流产、产弱仔和降低仔猪的存活率。预防钩端螺旋体病在常发病地区可在母猪配种前免疫钩端螺旋体病菌苗，病原体未定型时，应对母猪接种多价苗。

⑤鹦鹉热衣原体病：该病一般呈地方性流行。患有该病的病猪及其潜伏感染猪的排泄物和分泌物可带毒传染，该病可危害各个年龄段的猪，但妊娠母猪最为敏感，病原可通过胎盘屏障渗透到子宫内，导致胎儿死亡。一般初产母猪、青年母猪不仅发病症状显著，且发病率相对较高；而经产母猪一般发病症状不明显，仅出现产死胎现象。预防鹦鹉热衣原体病应以防范该病传入为重点，呈地方性流行的地区，应从乳猪到种猪免疫衣原体病疫苗。

⑥布鲁菌病：该病易感染成年公猪和成年母猪，导致公猪急性或慢性睾丸炎和副睾炎；导致母猪流产，产出死胎、弱胎。预防该病应以防范该病传入为重点，在该病流行的老疫区，应加强种猪的普查普治，并定期免疫接种疫苗。

⑦蓝耳病：乳房发蓝、流产、早产、产死胎和弱胎，预防该病应以防范该病传入为重点，可在母猪断奶前后免疫接种蓝耳病疫苗，每头母猪3毫升即可。

⑧猪附红细胞体病：该病各个年龄段的猪均可感染，母猪感染后会引起贫血、消瘦、拉稀、流产、死胎、受胎率低。预防该病主要应搞好夏季猪舍内的清洁卫生，消灭蚊蝇及其吸血昆虫，防止吸血昆虫对母猪的叮咬而传播该病。

⑨弓形虫病：该病会导致怀孕母猪流产，产出死胎、弱胎，并导致仔猪产后急性死亡。

母猪生殖道感染主要由于卫生条件差、污染源过多，或母猪初产胎儿过大、母猪发生难产补救方法不当或处理不及时等引起母猪生殖道受损，以致继发感染子宫炎、子宫内膜炎、阴道炎等生殖道疾病，造成母猪不发情、发情不正常、屡配不孕或引起妊娠母猪流产等。

公猪的使用因素　夏季高温季节，公猪的热应激明显，有的养殖场（户）在高温天气下仍然白天使用公猪采精和配种，而且不注重对公猪的合理使用，久而久之，对公猪的损伤较大，极易引起公猪的性机能下降，精液稀薄、量少，精子活力下降，死精、弱精增多，从而严重影响母猪的受胎率。

95. 母猪配种后不受胎的原因有哪些？

母猪呈现发情、接受公猪交配，但配种后不受孕而再次发情，凡连续三个发情期未能配上的母猪称配种后不受胎或屡配不受胎，其发生率随母猪养殖规模的增加而升高。据调查，这类猪占猪场淘汰母猪总数的 8%～10%。

(1) 原因 引起母猪屡配不受胎的原因按母猪交配后或人工交配后再发情的时间不同可分为两种类型。

1）一是交配后 21 天前后再发情的母猪 属于正常性周期天数范围内的再发情，说明其卵巢功能完好。在这种情况下，发生配种后不受胎的原因有三种：

①受精发生障碍：因子宫炎症或子宫内分泌物阻碍精子的运动和生存，精子不能到达受精部位；母猪输卵管炎或水肿、蓄脓症以及卵巢粘连等，均可引起输卵管闭锁，不能受精。

②受精卵死亡：因发情早期或晚期受精，以及使用保存时间过长的精液；或公猪热应激体温升高以后配种，导致受精卵早期死亡。

③胚胎在交配后 12 天死亡：在子宫内游浮的胚胎着床前，常因子宫乳组成异常或遭受高温、咬架、转拦、运输和给予过量浓厚饲料或霉变饲料等应激作用，导致胚胎未着床或着床后死亡。

2）二是配种 25 天以后再发情的母猪 由于患有生殖器官感染等疾病，胚胎发生死亡并被吸收，子宫内胚胎完全消失，但母猪仍可再发情。若是胚胎的骨骼形成后死亡，则为干尸，如果长期滞留在子宫内，会导致母猪不发情。

(2) 预防 黄体酮 30～40 毫克或雌性激素 6～8 毫克，配种当日肌内注射。针对上述致病原因，这是预防母猪配种后不受胎的有效措施。

96. 断奶母猪的常见疾病有哪些？如何预防？

（1）断奶后母猪不发情 主要是母猪在哺乳期营养不良或患病所致。防治：

①母猪在哺乳期应全价足量饲喂。一般应为自由采食，但由于大部分猪场使用的产床上的食槽不容易做到自由采食，所以也可采用预计料量添加法。一般哺乳母猪喂料量按以下公式计算：哺乳母猪喂量＝1.5千克＋（0.3千克×仔猪数）。但对于初产母猪应适当多给一些，因为母猪本身仍在生长发育。特别应注意矿物质和维生素的添加，有条件的应补充青绿饲料，如苜蓿（粉）、胡萝卜之类。

②对体况很差的母猪应提早断奶，使过瘦母猪及早恢复配种体况。

③在夏季哺乳母猪（其他猪也一样）采食量降低，为了使猪获得所需的能量水平，在饲料中应添加5％～10％的植物油，以提高能量浓度，避免仔猪缺乳及断奶后母猪体况过瘦，影响正常的发情配种。

④维生素 E 400～600 毫克，每天分 2 次喂给，连喂 3 天，如不发情，可再喂两个疗程。也可注射使用。

⑤对屡配不孕母猪，可在预计发情前 3 天喂维生素 E 800～1 000 毫克，每天分 2 次喂，3 天一个疗程，发情后配种。

⑥某些疾病所致，如子宫内膜炎等，应对症治疗，使用子宫冲洗法或喂服促孕一剂灵中药制剂。

（2）母猪断奶后推迟发情或不发情 促进断奶母猪发情的关键是要母猪尽快忘记"哺乳"状态，进入发情状态。一般来说，母猪断奶后 3 天之内处于生理转型期，如果此时采用大栏或运动场饲养，母猪就会通过互相打斗以及改变饲养方式，很快忘记"哺乳"，进入发情状态。所以断奶后母猪栏饲养 2～3 天是促进母猪发情的好方法。下面就母猪断奶后不发情的原因和处理方法进行较为详细的阐述。

①正确掌握青年母猪的初配适期：国内培育品种及其杂交青年母猪，初配适期不早于 8 月龄、体重不低于 100 千克。有经验的养猪场会让过三个发情期，一般一个发情周期为 18～21 天，故在初情期后

约 2 个月，第 4 次发情时才将青年后备母猪投入配种繁殖。

②采用"低妊娠，高泌乳"的饲养方式：母猪的正确饲养方式应是"低妊娠，高泌乳"，即母猪在泌乳期间应让其进行最大的体况储备，使母猪断奶时失重不会过多。对体况较瘦的经产哺乳母猪采用一贯加强的饲养方式。瘦肉型品种及二元杂交母猪每天给料量 4～5 千克（哺育 8 头仔猪），哺育 10～12 头仔猪时，每天给料量为 5～6 千克，使整个哺乳期母猪的失重控制在 60 千克以内。选择哺乳母猪专用全价料，日喂 3～4 次。

③滴水降温：只要舍温升至 33℃以上时，可于上午 11 时和下午3 时、6 时和晚间 9 时各给空怀母猪身体喷水一次。空气湿度过大时，采用喷水降温一定要配合良好的通风。对泌乳母猪可设计特制滴水降温装置。据报道，采用滴水降温的母猪日采食量多 0.95 千克，整个泌乳期母猪少失重 13.7 千克。

④限料：一些猪场母猪哺乳期饲养水平很高，在采取 28 天断奶措施情况下，母猪哺乳期体重降低很少，膘情偏肥，往往影响母猪再发情配种。采用限制采食量的方法或在母猪日粮中加入 5%～10%青饲料，增加母猪的运动量和日光照射，使母猪不过于肥胖，有利于其再发情。近年来，有些猪场采用饥饿刺激措施，母猪断奶后 1～2 天不喂食或日给量极少，但不可缺水，母猪在饥饿刺激下很快发情，在配种后立即恢复正常饲养。

⑤选用母猪专用全价料：母猪专用全价料是根据母猪不同生理阶段精心科学配制的，日粮养分含量完全符合母猪的生理需要，可保证母猪繁殖潜力的正常发挥。

⑥激素催情：对不发情母猪，可用下列激素催情。

A. 肌内注射乙烯雌酚 3～10 毫克，或垂体前叶促性腺激素 1 000万国际单位（每次 500 万国际单位，间隔 4～6 小时，在预测下一个发情期前 1～2 天用药）。但要注意观察记录母猪发情状况，适时配种。

B. 肌内注射三合激素 2 毫升，或乙烯雌酚 4 毫克，或氯前列烯醇 1.2～2.0 毫升，对无发情现象的母猪在 4 天后再同剂量肌内注射一次。经处理后发情的母猪，于配种前 8～12 小时肌内注射绒毛膜促性腺激素 1 000 万国际单位。

C. 氯前列烯醇可有效地溶解不表现发情的后备母猪卵巢上的持久黄体，使母猪出现正常发情，每头母猪肌内注射 2 毫升（0.2 毫克）。

D. 肌内注射律胎素 2 毫升，缩宫素 4 支。

⑦防治原发病：坚持做好乙型脑炎、猪瘟、细小病毒病、布鲁菌病、弓形虫病等的防治工作；对患有生殖器官疾病的母猪给予及时治疗；不用发霉的饲料；对出现子宫炎的母猪，先治疗，用 2%～4% 的小苏打溶液 40 毫升、或 1% 高锰酸钾 20 毫升、或 50 毫升蒸馏水＋640 万青霉素＋320 万链霉素，导管输入冲洗，清除渗出物，每天 2 次，连续 3 天。同时，肌内注射律胎素 2 毫升、孕马血清 10 毫升、维生素 E 2 支、维生素 A 2 支，促进母猪发情排卵。

⑧对饲养管理不善者采取"一逗、二遛、三换圈、四治疗"办法处理。

一逗：用试情公猪追逐久不发情的母猪（一次 15～20 分钟，连续 3～4 天），或将母猪赶入公猪圈内，通过公猪的爬跨等刺激，使母猪脑下垂体产生卵泡素，促进母猪发情排卵。

二遛：每天上午将母猪赶出圈外运动 1～2 小时，加速血液循环，促进发情。

三换圈：将久不发情的母猪，调到正在发情的母猪圈内，经发情母猪的爬跨刺激，促进发情排卵，一般 4～5 天即出现明显的发情。

四治疗：

A. 绒毛膜促性腺激素（HCG）：一次肌内注射 250 万～1 000 万国际单位，如将绒毛膜促性腺激素 500 万国际单位与孕马血清（PMSG）10～15 毫升混合肌内注射，不仅诱情效果明显，且可提高产仔数 0.6～0.9 头。

B. 饮红糖水：对不发情或产后乏情的母猪，按体重大小取红糖 250～500 克，在锅内加热熬焦，再加适量水煮沸拌料，连喂 2～7 天。母猪食后 2～8 天即可发情，并接受配种。

C. 公猪精液：公猪精液按 1∶3 稀释后，取 1～3 毫升喷于母猪鼻端或鼻孔内，经 4～8 小时即表现发情，12 小时达发情高峰，16～18 小时配种最好，受胎率达 95%。

D. 公猪尿液：公猪尿液中含外激素，能刺激母猪垂体产生促性腺激素，促进卵泡成熟排卵。输精时让母猪嗅闻公猪尿液 2～3 分钟，再将输精管插入阴道内。来回抽动刺激阴道壁及子宫颈 2～3 分钟后，再注入精液。情期受胎率提高 16.7%，平均窝产仔多 2.11 头。

E. 喂子宫和卵巢：用去势母猪的子宫和卵巢 2～3 副，连喂母猪 2～3 天，4～5 天后即出现发情。

F. 电针刺激：用电针刺激母猪百会穴、交巢穴 20～25 分钟，隔日一次，两次即可。

G. 中草药催情：淫羊藿、对叶草各 80 克，煎水内服；或淫羊藿 100 克、丹参 80 克、红花和当归各 50 克，碾末混入料中饲喂。

当已经出现母猪久不发情的情况时，无论采取多么有效的诱情措施为时已晚，因为母猪非生产天数已经增加，也已达不到一流的生产水平，因此保证断奶后 7 天内发情率应该是猪场管理人员最关注的问题。

无论在妊娠期、哺乳期、空怀期均应该做好母猪饲养管理工作，根据母猪膘情合理饲喂，注重不同阶段母猪料的营养水平，定期做好传染病的预防工作和母猪保健工作，提高母猪健康水平，将母猪膘情控制在适当的范围。断奶前后及时减料，短期优饲、运动、公猪诱情相结合以及科学的饲养管理，是母猪断奶 7 天内发情率达 95% 以上的保障。

(3) 母猪不孕症 精子和卵子要在其尚具有活力时相遇方可能受精，如果在精液采集、稀释、保存和输精的过程中有任何一个环节没有按照规范操作而造成有效精子不足、精子损伤、活力下降、死亡，或者公猪因病、环境温度高、使用过度或者长期不使用等造成精液品质下降，或配种时间未掌握好，都容易导致不受胎。属于母猪方面的因素还有以下几方面：

①病因：

A. 下丘脑、脑垂体、卵巢异常：LH 分泌不足，发生排卵障碍，此时母猪虽有发情表现而不排卵，故不会受胎。注射外源激素（如 LH、HCG）会有一些效果。

B. 生殖器官疾病：一般属隐性，临床症状不明显，多见于卵巢、输卵管伞患囊肿性浆膜炎、子宫内膜炎等，应治疗原发病。

C. 内分泌失调：卵巢机能不全，表现性周期紊乱、屡配不孕；脑下垂体机能不全，表现虽已达配种年龄，但无性周期。

D. 生殖器官发育异常：种猪半雌雄、先天性子宫异常等，但很少见。在选种时这样的猪是不能被选上的。

E. 饲养管理不当：a. 母猪过肥、过瘦都会导致性机能减退、长期不发情、发情异常、安静发情等。b. 日粮中长期缺乏维生素 A、维生素 E 或矿物质会引起母猪内分泌机能紊乱，导致长期不孕或隐性流产。c. 配种失时，过早或过晚，使精卵不能结合。d. 公猪配种过度，精液质量下降，或人工授精技术不过关等。夏季的热应激对公猪精液品质的影响非常大。e. 配种 21 天内日粮供给过量或气温过高，造成早期胚胎死亡，产生配种不孕的假象。

②防治：

A. 如属饲养管理不当，对太瘦弱的母猪要增加营养，特别要注意蛋白质、矿物质、维生素的添加；对太肥的母猪应适当增加粗饲料、减料降膘。用公猪诱情，按摩乳房。给母猪不断调圈，和发情母猪放在一个圈内。

B. 保持圈舍清洁干燥，夏防暑降温，冬防寒保暖。

C. 搞好选种选配，发情鉴定。每天早晚用公猪试情，做到适时配种。

D. 加强公猪饲养管理，保证精液质量。确保人工授精操作正确。

E. 做好接产和产后护理，严防产后感染。如已发现生殖器官炎症，可用抗菌药物治疗。

F. 如以上的各个环节都注意到了，仍配不上种，可注射促卵泡素、孕马血清、人绒毛膜促性腺激素等调节生殖机能的激素，但笔者建议不要用己烯雌酚类的激素，因为它对乏情猪没有任何有益的帮助。

(4) 母猪产前不食 母猪产前不食可导致流产、死胎、产后无乳，甚至母、仔死亡。

①主要症状：一般母猪产前 1 周食欲减退或废绝、精神委顿，体温、呼吸、脉搏一般正常，卧地不起或时起时卧，便秘、尿量及次数

减少，母猪渐瘦。

原因主要有以下几方面：

A. 疾病因素：附红细胞体病、温和性猪瘟等。

B. 生产因素：体内胎儿发育、子宫扩张压迫肠道，致使肠蠕动减慢。

C. 饲料因素：精粗饲料配比不合理，青饲料不足，引起母猪便秘，导致食量减退甚至消失；饲喂量多，缺乏维生素，导致母猪消化不良；饲喂发霉变质饲料及产前运动量不足，也能导致胃肠蠕动迟缓，从而导致母猪减食或不食。

②预防：

A. 加强饲养管理，多喂一些青绿多汁饮料，并应压缩饲料体积少喂勤添。严禁饲喂霉变冰冻的饲料。

B. 减少应激，增加运动。

C. 妊娠母猪不宜喂棉籽饼，因其含棉酚对母仔不利，即使脱毒后也不能喂母猪。

③治疗：治疗原则是抗菌控制全身感染，强心补液，缓解体中毒，养血安胎，调理脾胃。

A. 青霉素 320 万国际单位，25％维生素 C 20 毫升，生理盐水 1 000 毫升，一次静脉注射或腹腔输液；25％安乃近 10 毫升肌内注射，每天 2 次，连用 2～3 天。

B. 中药方：地黄、当归、白芍、黄芪、党参、白术、川断各 45 克，川芎、炙干草、砂仁、黄芩各 30 克，糯米 120 克，水煎服，二剂。

（5）母猪产后不食、食欲不振 一般母猪产后身体较为虚弱，加上哺乳仔猪的需要，其采食量应该增加。但是在生产中常常会出现母猪产后不食和食欲不振等症状。

母猪产后不食症是猪产后消化系统紊乱：食欲减退为主的综合征，它不是一种独立的疾病，而是由多种因素引起的一种症状表现。它是生产母猪常见的现象，一旦发生如果不及时治愈，往往会影响仔猪正常生长，甚至会导致母猪死亡或被迫淘汰，影响正常生产的持续，给养猪业带来一定的经济损失。

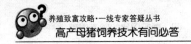

①发病原因：

A. 猪产前喂食过多的精料，尤其是豆饼含量过多，饲料中缺少矿物质和维生素、微量元素，引起消化不良。产前营养不足，产仔过程消耗大，造成食欲紊乱；产后加料太早，喂得过多，使母猪出现"顶食"现象；精粗饲料搭配不当，引起母猪便秘或母猪吞食胎衣，均可引起母猪不食。

B. 仔猪吃奶不足而骚动不安，干扰母猪休息导致母猪消化系统发生紊乱。

C. 母猪产后患子宫内膜炎、乳房炎、无乳症。

D. 因分娩困难、产程过长，致使母猪过度劳累引起感冒，高热致使母猪产后不食。

E. 发生产褥热。母猪产后，由于软产道损伤，局部发生炎症，炎性产物引起母猪体温、呼吸等一系列全身症状，从而引起不食。

F. 产后母猪腹压突然降低，致使消化功能减退引起不食。

②预防措施：

A. 加强饲养管理，合理搭配饲料，供给母猪易消化、营养丰富的饲料，保证青绿多汁饲料的供给。

B. 加强怀孕母猪饲养管理，如果条件允许应保证适当的运动。

C. 及时治疗母猪各种原发疾病，如阴道炎、子宫炎、尿道炎等。

D. 细心观察母猪精神状态，勤查体温；保持产仔清洁卫生。

③诊疗方法：母猪产后一旦表现食欲减退或废绝，应立即查明原因，做到对症治疗。

A. 因产后母猪衰竭引起不食，体温一般正常或偏低，四肢末梢发凉，可视黏膜苍白，卧多立少，不愿走动，精神状况差，如果不及时治疗有可能导致死亡。治疗方法：氢化可的松 7～10 毫升、50％葡萄糖 100 毫升、维生素 C 20 毫升，一次静脉注射。

B. 因产后母猪大量泌乳，血液中葡萄糖、钙的浓度降低导致母猪产后不食。治疗方法：10％葡萄糖酸钙 100～150 毫升、10％～35％葡萄糖 500 毫升、维生素 C 10 毫升×2 支，静脉注射，连用2～3 天。

C. 因母猪分娩时栏舍消毒不严，助产消毒不严，病原菌乘虚而入引起泌尿系统疾病，导致猪产后不食。治疗方法：青霉素480万国际单位、10％安钠咖10～20毫升、维生素C 10毫升×2支、5％的葡萄糖生理盐水500毫升，每天2次静脉注射，连用2～3天。如果病原体侵入子宫，用消毒剂冲洗母猪子宫。

D. 母猪产后因感冒、高热引起产后不食，临床症状比较明显，常常表现体温升高，呼吸、心跳加快，四肢、耳尖发冷，乳房收缩、泌乳减少。治疗方法：庆大霉素5毫升×5支、安乃近20毫升、维生素C 20毫升、安钠咖10毫升、5％葡萄糖生理盐水500毫升，静脉注射，每天2次。

④防治体会：母猪产后不食症是规模化猪场最常见的症状表现，特别在夏季高温季节尤为明显。作者从多年的研究和实践中逐渐得出，加强妊娠母猪和哺乳母猪日粮营养供给，多喂青饲料，高温季节酌情投喂硫酸镁和碳酸氢钠等轻泻药，搞好产房的清洁卫生，创造适宜的环境，并注意防暑降温，可大大减少母猪产后不食症的发生。同时对母猪产后不食应做到早发现、早治疗，才能取得较满意的效果。

（6）母猪产后食欲不振

①原因：

A. 产后母猪体质较弱，消化力不强，往往为满足泌乳而贪食，若一次吃得太多会导致消化不良，影响食欲。

B. 母猪长期饲养粗放，饲料单调，缺乏营养，日久则影响消化功能。

C. 由于平时营养失调，加之产后过度疲劳，体力衰竭，引起食欲紊乱。

D. 分娩时天气寒冷，猪舍保温不良，外感风寒，或遇气温过高，猪舍通风不畅，导致母猪食欲不佳。

E. 饲料过精，粗纤维不足，易导致母猪胃溃疡或便秘，食欲减退。

F. 母猪吞食胎衣、死胎等，引起消化不良。

G. 母猪产后由于腹压突然降低，影响正常消化功能。

H. 母猪感染子宫炎、乳房炎等，引起体温升高，食欲不振。

②预防：

A. 母猪饲喂要定时定量，饲料多样化，按标准饲养，少喂勤添，忌突然更换饲料。

B. 平时注意营养调节，注意蛋白质、维生素和矿物质的补充，以增强母猪体质。

C. 怀孕母猪饲料应保持一定的粗纤维含量（8％～12％），适当饲喂青绿饲料。

D. 适当运动，增强体质。

E. 做好产房、产具及接产人员的消毒工作，防止产道感染。产后注射一针青、链霉素。

③治疗：

A. 氢化可的松 0.5％、30％安乃近、青霉素，肌内注射。或麝香注射液 6～10 毫升、当归注射液 8～10 毫升，一次肌内注射。

B. 海带 500 克洗净切碎、鲜肉骨 1 千克、水 3 千克，炖熟，分 3 次喂，每天一次。

C. 中药方：桂枝 40 克，丹参、益母草、木香、当归、川芎、山楂、花粉、葛根、神曲各 30 克，枳壳、甘草各 20 克，一剂煎服。

（7）母猪产畸形仔猪　如公母猪近亲，可产生畸形仔猪。但有的也不一定是近亲，在遗传上可能与染色体移位、基因重组、有害基因显性等有关。除能手术外，应将畸形仔猪及时处死。购种猪时应选择大的育种公司，因为这样的公司有很好的育种手段，而且会淘汰有害基因，使种猪有更好的遗传素质。

（8）母猪产后无乳、少乳

①原因：除品种特性和母猪营养不良、过肥或过瘦外，一般可能是乳房炎、子宫炎所致。患乳房炎时母猪表现呼吸急促、发热、乳房肿、硬，挤不出乳汁，因疼痛而拒绝哺乳仔猪；子宫炎时母猪表现阴道恶露不止或流脓。因乙型脑炎、细小病毒病等繁殖障碍病，死胎、木乃伊胎，早产、延产所致。另外，内分泌失调、后备猪过早配种、乳腺发育不全等，都可能导致产后无乳或少乳。

②防治：

A. 母猪进入产房前应给母猪全面洗澡消毒。

B. 搞好分娩接产消毒工作，保持环境安静，产后注射一针青、链霉素。

C. 提供能满足母猪营养需要的日粮，决不能饲喂发霉变质的饲料。母猪怀孕 70 天后，在饲料中添加 0.2% 的生物活性肽，直至断奶，能有效促进母猪泌乳，提高断奶窝重。

D. 将胎衣、死产仔洗净，加水、盐适量煮熟，分数次拌料给母猪内服。

E. 蚯蚓、河虾、小鱼（特别是鲫鱼）都有催乳作用，可煮服。

F. 中药：当归、王不留行、漏芦、通草各 30 克，水煮后拌麸皮喂服，每天 1 次，连用 3 天。

G. 产前 1 周应降低母猪饲料喂量，一般应掌握在 1 千克左右，以防产前吃得过多，使产后采食量下降，造成缺乳现象。

H. 母猪的产床尤其是网床，在经过多次酸碱消毒后，可能会出现一些对母猪有伤害的毛刺，一方面会磨破母猪乳房皮肤，造成外伤型乳房炎；另一方面容易对仔猪产生伤害。要注意随时检查，消除隐患，使用光滑一些的床网。

I. 母猪在怀孕期间及产前产后要饲喂青绿多汁饲料及补充富含蛋白质、矿物质以及维生素的全价配合饲料。

J. 母猪多运动，同时排除猪场内外的应激源，把猪舍内的噪声控制在最低限度。在临产前 7 天将母猪转移到产房，让其适应新环境。

(9) 产后子宫炎的防治 近年来母猪子宫炎在集约化养猪场的发病呈上升趋势，尤其是夏天高温季节，母猪产后发病率明显增加，有的场发病率高达 40%～60% 或以上。子宫炎发病率高、治愈率低，时间长则变成慢性或隐性子宫炎，严重影响母猪的发情配种受孕（纯种母猪尤为突出）。在屡配不孕的淘汰母猪中，约有半数是因为子宫炎所导致，该病使养猪业蒙受较大的经济损失。现就如何采取措施，降低发病率、减少损失等做简单介绍。

①夏天多发子宫炎的主要原因：

A. 母猪长期单栏饲养缺乏运动，加之高热应激、体质虚弱，分娩时体力消耗大，抵抗力下降。

B. 分娩时出现子宫收缩乏力，产程拖长引起不同程度的产道损伤，尤其是难产时用手伸进去助产，往往会损伤子宫内膜，引起内出血直至发炎化脓。

C. 未使用漏缝地板的猪场，由于未能及时清除粪便，粪便会污染母猪开放的产道而引起发炎。

D. 还有可能是人工授精时消毒不严、技术不熟练导致部分母猪发生子宫炎。

②临床症状：子宫内膜炎可分为急性（卡他性）、慢性（化脓性）和隐形三种临诊型。急性卡他性子宫内膜炎，一般分娩后1～3天可出现症状，患猪食欲减少或废绝，体温升高到40℃以上，经常努责，从阴门排出黏液性灰红色或黄白色水样恶臭液体，有的伴有胎衣碎片。慢性子宫内膜炎，由急性子宫内膜炎不及时治疗或者治疗不当转变而来，一般临床症状不明显，主要表现为周期性地从阴门排出黄色或者白色的脓样分泌物。隐形子宫内膜炎，多见于产后感染和死胎溶解之后，由于子宫颈口紧闭，脓性分泌物滞留于子宫内，临床上见不到排出物，母猪虽有发情征状，但是屡配不孕。

治疗时，一般先清洗出子宫内炎性分泌物，再将药物注入子宫内。

A. 急性型：多伴有发热等全身症状，可用青霉素等药物进行治疗，同时配合解热药物。对于症状较重精神特别沉郁者，可采取强心、补液等措施，治疗效果较好。

B. 慢性型和隐性型：用生理盐水（35～45℃）500～1 000毫升（或者2%氯化钠溶液、或0.2%～0.5%高锰酸钾溶液）充分清洗子宫，直到流出的液体与冲洗液相同为止。然后将青霉素320万单位、链霉素100万单位，溶于注射用水30～50毫升，通过橡皮管注入子宫内，每天1次。如果子宫颈口紧闭，插入困难时，可先肌内或者皮下注射己烯雌酚4～6毫升，促使子宫颈口扩张后，再插入导管注药。根据临诊实践认为，由于猪的子宫角弯曲，冲洗药液不一定能全部排出而滞留于子宫内，影响炎症的治愈。所以，一般少用子宫冲洗法，宜用子宫注入法，配合应用子宫收缩药物和全身疗法疗效更佳。即先用垂体后激素或缩宫素20～40国际单位，肌内或皮下注射，促使子宫收缩，排出炎性分泌物，然后再将抗生素或磺胺类药物、蜂胶制剂等注入子宫内，每天1次，3～5天为一个疗程。

严重的或者慢性化脓性子宫内膜炎患猪经多次治疗无效者，应予淘汰。

③防治：若发生子宫炎，要及时采用长效抗生素杀灭感染的病原菌；同时需注射前列腺素或缩宫素等药物促进子宫收缩；排出炎性脓液，使子宫黏膜尽快康复，恢复繁殖能力。但子宫炎比较难治疗，需较长时间母猪才能慢慢康复，特别是夏天子宫炎发病率较高、治愈率低，所以应将工作重点放在预防：加强分娩舍以及母猪产前产后乳房和后躯的消毒；保持产房干净、干燥，将母猪体表和环境中的病原体数量降到很低的程度。

子宫内膜炎的最佳中药配方：醋贯众 40 克，醋香附 60 克，醋益母草、醋桃仁、红花各 20 克，醋赤芍 50 克，醋元胡 30 克，当归 45 克，共水煎内服，每天 1 剂，连用 3～5 剂。其作用机理是活血止痛，调血养血。

④预防：为预防母猪发生产道感染和子宫炎，应在产后 8 小时内或产出第一个仔猪后，肌内注射长效得米先 10 毫升，能有效防止各种细菌对产道和子宫的感染。但要尽量减少给母猪注射的次数，避免不必要的应激。

另外，也可用1％高锰酸钾或新型碘类消毒剂百菌消按 1∶1 000～1 500 稀释冲洗子宫，促使污物排出，有利于生殖道的早日康复，确保后期的发情配种受孕。只要认真做好环境卫生和母猪体表消毒，同时产后用长效抗生素做保健性预防，母猪产后感染、子宫炎等的发病率会大大降低；即使仍有发生，其症状也会比较轻微，病程短、康复快、损失小。

（10）卵巢囊肿

①病因：该病是猪卵巢疾病中最常见的疾病之一，在一侧或两侧卵巢上发生，有的囊泡直径可达 5 厘米以上，这样大的囊泡有时可达十几个以上，有的重量甚至可达 500 克以上。卵泡的生长、发育、成熟及排卵取决于垂体的促卵泡激素和促黄体素的平衡作用。尤其是在排卵时两者之间的平衡更加重要。如果未达到平衡、促黄体素减少，则发生不排卵，卵泡里逐渐积留许多泡液，使卵泡增大。

②症状：卵泡囊肿分为卵泡囊肿和黄体囊肿。就猪本身而言，主

要是黄体囊肿，临床症状就是不发情。

③防治：使用促黄体制剂，如促黄体素释放激素或人绒毛膜促性腺激素等，引起黄体化。用促黄体素释放激素 100～300 微克，一次肌内注射，并通过直肠检查判断卵巢的反应性，反复使用 2～4 次。一般情况下从治疗到呈现发情约 22 天，发情率可达 77.4%，受胎率达 70.3%。另外，还可用垂体前叶促性腺激素肌内注射，也能取得良好的受胎效果。

（11）母猪产褥热 又称为产后败血症或者母猪无名热。产褥热是母猪产后局部炎症感染扩散而发生的一种全身性疾病。

①原因：

A. 产圈不清洁、助产或手术消毒不严格、母猪软产道受到损伤，导致产道感染病原菌，局部发生炎症。病原菌主要有溶血性链球菌、金黄色葡萄球菌、化脓棒状球菌、大肠杆菌等，这些病原菌进入血液，大量繁殖，产生毒素，引起一系列全身性严重变化。此外，产后外阴部松弛、外翻的黏膜与泥水、垫料接触，胎衣不下、阴道及子宫脱出等均能导致该病。

B. 母猪产后 2～3 天发病，体温升高达 41℃ 左右，呈稽留热。呼吸短促，心跳加快，每分钟 100 次，有的高达 120 次。四肢末端及两耳发凉。食欲不振或废绝，精神沉郁。四肢关节肿胀、疼痛，躺卧不愿起立。泌乳减少到停止。先便秘后腹泻。患猪从阴门排出恶臭、褐色炎性分泌物，内含组织碎片。病程一般为亚急性经过。如果治疗及时，患猪预后良好；若治疗不及时，可引起死亡。

C. 根据母猪产后数日体温升高、呼吸和心跳加快、阴道黏膜呈污褐色及肿胀、阴门排褐色恶臭分泌物等症状可作出诊断，但应注意与流产、母猪无乳综合征、子宫内膜炎、阴道炎等疾病相鉴别。

②治疗：

A. 肌内注射青霉素 800 万～900 万单位和氨基比林 10 毫升，每天 2 次，连用 2～3 天，必要时注射 10% 安钠咖 5～10 毫升，再静脉注射 10%～20% 葡萄糖液 300～500 毫升，加 5% 碳酸氢铵溶液 100 毫升。

B. 若子宫有炎症，用垂体后叶素注射液 2～4 毫升，皮下或肌内注射，促使炎性分泌物排出。不许冲洗子宫，以防感染恶化。

C. 为控制发生败血现象，或已经发生败血症，用四环素 0.125～0.375 克、10％樟脑磺酸钠 5～10 毫升、25％维生素 C 2～4 毫升、糖盐水 500 毫升混合静脉注射。如有酸中毒可加碳酸氢钠 50～100 毫升（注射时不能与维生素 C 和四环素混在一瓶内）。

D. 中药：益母草 40 克，柴胡、黄芩、乌梅各 20 克，黄酒、红糖各 150 克为引，共水煎候温灌服。或当归、川芎、桃仁各 15 克，炮姜炭、牛膝、益母草各 10 克，红花 5 克，共水煎候温喂服，每天 1 次，连服 2～3 天。

③预防：产前做好产房清洁消毒工作。准备好消毒、消炎药品如碘酒、2％来苏儿、0.1％新洁尔灭、抗生素药物等，随时应用。助产或手术时保证无菌，引导无创伤，以避免感染。

（12）母猪产后瘫痪 本病是母猪产后突然发生的一种严重的急性、神经障碍疾病，期特征是知觉丧失及四肢瘫痪。

①病因：目前尚不太清楚。一般认为是由于血糖、血钙骤然减少，产后血压降低等原因，致使大脑皮层发生机能性障碍引起。

②症状：

A. 母猪产后瘫痪多发生于产后 2～5 天。发病母猪表现为精神萎靡，食欲减退或废绝，病初粪便干硬而少，以后则停止排粪排尿，体温正常或略有升高。站立困难或不能站立，或呈昏睡状态。

B. 乳汁很少或无乳。有时病猪伏卧。不让仔猪吃奶。

C. 对外刺激反应减弱或无反应，肌肉疼痛敏感，呼吸浅表，逐渐消瘦、衰竭而死。

③预防：坚持预防为主，防重于治的原则。

改善饲养管理，合理搭配营养物质和补充矿物质饲料。加强母猪产前产后的护理，并多垫清洁干草，每天给母猪人工翻身 2～3 次。加强产前运动，保证充足的光照。保持圈舍干燥、通风良好。怀孕母猪每天喂骨粉不少于 20 克、食盐 20 克。喂给易消化的营养丰富的精饲料和青饲料。

④防治：

A. 每头猪每天补充骨粉 20～40 克（兽用骨粉，狗骨粉为佳）或乳酸钙 5 克或磷酸氢钙 30～35 克，同时每天分两次加喂畜禽用鱼肝油 20 毫升，连用 10 天。

B. 用 10％葡萄糖酸钙 50～150 毫升或 25％～50％葡萄糖 100～250 毫克，一次静脉注射，每天 1～2 次，连用 3 天。同时用米酒或热水擦洗病猪四肢，每天 1～2 次。

C. 杜仲 25 克、续断 30 克、当归 20 克、狗脊 40 克、海风藤 20 克、千年健 20 克、牛膝 20 克、川木瓜 20 克、神曲 13 克、苏梗 20 克、熟地 30 克，用水煎后加米酒 100 毫升喂服。

D. 5％～10％氯化钙 20～50 毫升，每天 1 次，同时内服葡萄糖酸钙片 5 克，每天 3 次。

E. 川牛膝 15 克、川独活 15 克、川续断 30 克、旋覆花 15 克、蓁艽 30 克、杜仲 15 克、川芎 12 克、赤芍 12 克、木瓜 30 克、乳香 9 克、没药 15 克、大艾 30 克、荆芥 30 克、牛蹄 1 副，共研末拌饲料喂服，2 天 1 剂，连用 3 剂。如母猪瘫痪且乳量不足，可加王不留行 30 克。

F. 骨粉 270 克、防己 40 克、马前子 20 克，研为细末混匀喂服，50 千克以下的猪每次喂 10～20 克，50 千克以上的猪用 20～35 克，每天 2 次，连用 7 天。

G. 用新鲜的狗骨头捣碎煮汤饲喂，每天在饲料中加入骨粉 70 克或磷酸氢钙 50 克，连用 2～3 次。

H. 10％葡萄糖酸钙 50～100 毫升，静脉注射，并配合地塞米松、维生素 B110～20 毫升，肌内注射，每天 2 次，连用 3 天。

I. 当归、炒白术各 30 克，党参、炙黄芪各 25 克，白芍、阿胶各 20 克，陈皮 15 克，紫苏 12 克，川芎、焦叶、木香、炙甘草各 15 克，冬酒 75 克为引，糯米 0.5 千克酿成酒糟混入生药中，每天 0.5 千克，分 3 次拌料喂，10 天为一个疗程。

J. 葡萄糖酸钙片 10 片，鱼肝油胶丸 10 粒，每天 1 次，连喂 5～7 天，同时一侧肌内注射普鲁卡因 10 毫升，另一侧注射维丁胶性钙 20 毫升，每天 2 次，连用 3 天。

用上述方法治疗的同时：

对体弱病猪肌内注射 20％安钠咖 5～10 毫升，维丁胶性钙 10 毫升，每天1次，连用7～10天；

对便秘猪可用温肥皂水洗肠，或内服硫酸钠30～50克，或芒硝50克，大黄苏打片30片，复方维生素 B_1 10片，研末喂服。局部可用米酒或热水擦洗以刺激和促进血液循环；

对严重低磷的病猪，用20%磷酸二氢钠注射液100～150毫升和5%葡萄糖生理盐水250毫升，混合静脉注射，每天1次，并在饲料中加入骨粉或蛋壳粉、虾粉等拌料喂服，适当增加麦麸、米糠等含磷较多的饲料。

在用药物治疗的同时配合针灸能够显著提高治愈率，一般取猪的百会、肾门、滴水、大胯为主穴，以抢风、涌泉、尾尖、锁阳、后三里为配穴。后肢病重者着重针灸滴水、大胯穴，隔天1次，连用2～3次，或用镇跛痛对百会穴注射，隔天1次，连用2～3天。

(13) 母猪食仔癖

①原因：先天性恶癖；产后缺水，极渴；缺某些矿物质或维生素。

②防治：

A. 母猪食仔、咬仔、压仔，具有高度遗传性，应予淘汰。

B. 将母仔分开，定时哺乳，专人守护。

C. 给母猪服镇静剂，如溴化钾5%～10%；或肌内注射氯丙嗪每千克体重2毫升，同时补充维生素、微量元素等。

(14) 母猪顽固性便秘

①原因：多发生于妊娠前后，由于运动不足，引起消化紊乱，胃肠功能减弱，形成顽固性便秘。

②症状：轻者不爱吃食，精神不振，不愿活动；重者拒食，精神沉郁，卧圈不起，粪球干小似算盘珠，体质衰弱。

③防治：

A. 喂青绿饲料，增加麸皮的喂量。

B. 增加饮水量并加人工补液盐。

C. 葡萄糖盐水500～1000毫升，10毫升维生素C3支，一次静脉注射。

D. 复合维生素B15毫升，青霉素240万国际单位，安痛定30

毫升，分别肌内注射。

E. 酵母、大黄苏打片、多酶片、乳酶生各 40 片，研为细末，分 4 次服用。

F. 母猪产后日喂小苏打（碳酸氢钠）25 克，分 2～3 次，饮水投服，能促进母猪消化，改善乳汁，预防仔猪下痢。

G. 口服润肠通便中药。

(15) 母猪脱肛　长期便秘或顽固性下痢，母猪过肥或怀孕后期腹压过高，子宫压迫直肠，肛门括约肌松弛等常能诱发脱肛。

①防治：如属怀孕后期腹压过高，可适当提高饲料营养浓度，减少喂量，充足饮水，适当运动。

②脱肛处理：洗净脱出部分，高锰酸钾消毒，复位，必要时用荷包缝合，碘酊消毒，同时一天不要喂料并及时治疗便秘或腹泻。

97. 寄生虫对养猪业有何危害？如何给猪驱虫？

在养猪生产中，除了要做好相应疾病的防治外，驱虫也是一个重要的工作。

(1) 危害　猪寄生虫会给养猪业造成巨大的经济损失。直接损失：降低生长速度 6%～15% 左右，料肉比增加 0.2～0.5 左右；间接损失：继发疾病（肺炎、巴氏杆菌病等）。

(2) 养猪户对猪寄生虫防治的误区

①认为栏舍干净卫生，猪群流动小就不必驱虫；

②用驱虫药给猪驱虫后，在粪便中没有发现成虫，认为猪没有虫或驱虫药无效；

③怀孕母猪不驱虫；

④每月给商品猪驱虫 1 次；

⑤选价格便宜、包装大的驱虫药；

⑥驱虫后不注意对粪便的清扫、处理，造成二次感染。

(3) 危害猪体寄生虫的种类及范围

①主要寄生虫：全国流行，几乎所有猪场可见，感染轻，不表现明显症状，包括大形圆线虫、鞭虫、结节虫、疥螨和虱子等；

②次要寄生虫：只在全国某些地区或只在不卫生的猪场中存在，有明显的症状，但可造成重大经济损失，包括肾虫、肺丝虫、红色胃虫等。

（4）影响寄生虫感染的因素

①猪圈被前批感染动物污染的程度；

②畜舍环境条件是否有利于虫量持续增加和虫体的存活；

③猪场中所存在的寄生虫的类型；

④猪场条件是否适合寄生虫通过直接接触的方式进行传播；

⑤猪的生长阶段。

（5）寄生虫的防治策略

①防治策略：掌握何时和怎样应用驱虫药清除猪体寄生虫感染，防止寄生虫成熟、产卵和污染畜舍，减少经济损失。

②驱虫药的类型对策略性定期驱虫能否成功运行有重要意义。

（6）驱虫药的种类

①Ⅰ类：传统驱虫药，包括噻吩嘧啶、左旋咪唑、敌百虫和阿维菌素等，只对一种或几种寄生虫有效，并且大多数只能杀死成虫，而对未成熟的虫体或移行幼虫无效（噻吩嘧啶、左旋咪唑、阿维菌素对鞭虫无效）。

②Ⅱ类：能清除所有主要寄生虫和发育中幼虫或移行幼虫的广谱驱虫药，主要是芬苯哒唑，应用Ⅱ类驱虫药，可以使感染循环终止在感染早期及寄生虫成熟之前，从而可以阻止寄生虫产生后代，大大降低进一步污染的可能性。

98. 母猪不同阶段对维生素有何需求？

母猪日粮中添加的维生素只占混合饲料成本的 $2\% \sim 3\%$，但可以获得很好的经济效益。例如，饲料中增加维生素 E、生物素和叶酸，同时添加维生素 C 和 β 胡萝卜素，其他维生素添加量不变。每年每头母猪可多产 0.5 头仔猪，断奶到发情间隔缩短，母猪淘汰率下降。

（1）配种前 维生素通过影响生殖周期来增加窝产仔数。仔猪在断奶时期补充最佳剂量的维生素 B 族（维生素 B_1、维生素 B_2、维生素 B_6、维生素 B_{12}、烟酸、生物素、泛酸和叶酸），可提高仔猪的生长率。同时试验还发现，100 千克活重的母猪在每胎都有较大的窝产仔数，并且断奶到发情的间隔较短。B 族维生素是生化反应代谢过程中（如蛋白和能量代谢）的重要辅酶。例如，生物素可通过参与能量代谢来缩短母猪从断奶到发情的间隔，也可以刺激雌激素的生成，降低不发情率。

（2）排卵和受精作用

①母猪到发情期后不发情率可高达 20%，给母猪每天补充 7.5 毫克的维生素 B_2（核黄素）可减少不发情率。特别是在热带地区，补充维生素 C 可以有效预防夏季不育症的发生。主要原因是由于维生素 C 参与了肾上腺皮质激素的合成，而肾上腺皮质激素对于减少应激起着关键作用。另外，补充生物素也可以提高母猪受精率，特别是对从断奶到发情间隔较长的母猪更有效。

②怀孕后期胎儿生长非常迅速，母猪对维生素的需求也迅速增加。例如缺乏维生素 A，可能会导致胎儿某些器官与其他器官生长不成比例。试验表明，母体血浆维生素 A 水平比需要标准低 50%，就会危及胎儿肺脏和肝脏等器官的生长，进而对仔猪健康和初生重产生很大影响。

③B 族维生素一般不在母体和胎儿体内储存，主要作用于酶系统。胎儿通过母乳来获取维生素，获取量与母猪采食日粮中的维生素 B 含量有关。在怀孕后期，为了使子宫扩张并能容纳胎儿增大的需要，还需要考虑到子宫的肌肉张力。研究发现，补充生物素可以使母猪子宫角的长度增加 20%，进而增加胎儿在子宫中所占空间，这对胎儿的生长及存活具有重要的意义。

（3）产仔和断奶期 母猪日粮中添加维生素 E，不仅会增加窝产仔数，而且会增强仔猪的抗应激能力。这是因为维生素 E 在初乳和常乳中含量丰富，仔猪通过哺乳可以将其转移至自身体内。有试验表明，在母猪日粮中添加 66 毫克/千克的维生素 E 与添加 16 毫克/千克相比，从出生到哺乳第 7 天仔猪的存活率大约增加 14%。

哺乳期仔猪主要依赖母乳来获取维生素营养。例如，在母猪日粮

中添加维生素 D_3、叶酸和维生素 B_{12}，可提高仔猪体内维生素含量。

2001 年的一项研究指出，母乳是 1 周龄前仔猪获取维生素 C 的唯一来源。在妊娠和哺乳期，给母猪饲料中添加维生素 C 可降低断奶前仔猪死亡率。晶体型维生素 C 暴露于空气中或和矿物质接触时，易被氧化，母猪虽摄取较高的维生素 C，但消化吸收率不高，会导致维生素 C 的不足。因此，一般用稳定的维生素 C 形式（如磷酸盐）来准确控制和计算摄入量。

仔猪血液中维生素 C 和维生素 E 的含量较高，这主要是通过母乳来获得的。这两种维生素会减少由于断奶造成的应激。试验表明，在母猪日粮中添加 88 毫克/千克的维生素 E 比添加 22 毫克/千克，更能提高母乳和 21 日龄仔猪的免疫性能，这进一步证明了在断奶前给母猪补充维生素，可对仔猪起到额外的保护作用。同样，仔猪断奶后在日粮中补充维生素也具有同样的效果。

99. 夏季养猪管理上应注意哪些方面？

夏季气候炎热、湿度大，容易给养猪业造成诸多的不良影响。猪受热应激的临界温度为 $32\sim34℃$，当猪舍内温度连续达到或超过临界温度 $2\sim3$ 天时，通常猪只出现明显的不适应，具体表现为食欲减退，体温升高，精神不振。公猪性欲减退。空怀母猪不发情或发情异常，妊娠母猪胚胎死亡率高，临产母猪在温度过高的情况下可能造成死亡。

(1) 必须加强猪舍通风 一般来说，东西走向建设的猪舍，可充分利用前后窗户的气流，起到降低猪舍内温度的作用。窗户较小的，可在夏季到来之前，进行适当改造，将窗户做大一些。有条件的可安装电风扇，在温度过高时促进空气流通。

(2) 必须采取遮阳措施 在猪舍周围种植一定量的树木，除了起到绿化作用外，还能起到遮阳作用。此外，要在猪舍旁边搭建凉棚，能降低猪舍附近的地温。

(3) 必须保证用水充足 夏季猪对水的需求量比较大，因此，以喂稀食为宜，现拌现喂，防止变质。同时，水槽内必须保证供应充足的清洁饮用水。在猪舍周围定时喷洒一些水，可起到一定的降温作用。切忌将凉水直接泼到猪身上降温，防止感冒。

(4) 必须加强饲养管理　合理调整喂食时间，以夜间喂食最佳，一般情况下以早晨 4～5 时和晚上 8～9 时为宜，尽量避开正午时间饲喂。但是，调节喂食时间应循序渐进，随着温度的变化逐渐调整，不能突然改变；仔猪转群或出场出售，应安排在早晚温度相对较低、气候凉爽时进行；适当调整母猪分娩时间，尽量避开在温度较高的季节产仔；母猪产仔舍尽量不要用过多的冷水冲圈，防止湿度过大，产床上的粪便痕迹要用带有消毒液的抹布擦净；降低饲养密度，降低比例为 1/4～1/3；要保持圈舍卫生，每天至少清理粪便 2～3 次，每月消毒 3～4 次，并做好消灭蚊蝇的工作。

(5) 必须合理调整饲料配方　每吨全价饲料可添加小苏打 2～3 千克、维生素 C 150～200 克和维生素 E 80～100 克；哺乳母猪的饲料，每吨可添加食用油 5～8 千克，并适当提高粗蛋白含量。

100.　母猪饲养管理有哪些技巧？

(1) 使母猪白天产仔　在母猪临产前 1～2 天的上午 9～11 时，于母猪颈部肌内注射氯前列烯醇注射液 1～2 毫升，可使 98.2% 的母猪在次日白天分娩，有效率高达 100%，仔猪成活率 98% 以上。

(2) 使母猪在春秋季分娩　母猪分娩安排在春秋季，能提高仔猪成活率，实现两年产五胎。可把第一胎安排在 11～12 月配种，次年 3～4 月产仔；第二胎安排在 5～6 月配种，9～10 月产仔。

(3) 提高母猪产仔率　母猪断奶后 3 天至发情期内，每天每头饲喂复合维生素 B、胡萝卜素各 400 毫克，维生素 E 200 毫克，配种后剂量减半，再喂 3 周，每胎可多产仔 2～3 头。

(4) 母猪妊娠早期诊断　母猪配种 3～4 周时，用拇指和食指按压其第 9 胸椎至第 2 腰椎之间的腰背部，如脊背略微弓起者即表明受孕，脊背凹者为未受孕。

(5) 母猪预产期推算　配种日期加 3 个月再加 3 周和 3 天，即为预产期。例如，母猪配种日期是 4 月 20 日，预产期则为：4＋3＝7

（月），20＋21（3周）＋3（天）＝44天，即为8月13日。

（6）母猪人工催情法 对长期不发情的母猪，取公猪精液20毫升，用输精管缓慢地将精液输入母猪的子宫内，并不停地转动和来回抽动输精管。同时用少量精液洒于母猪鼻端，加强饲养。4天后即可发情配种。体重75～100千克的母猪肌内注射人用绒毛膜促性腺激素100单位，或皮下注射人用孕马血清5毫升，4～6天即可发情。

（7）母猪催乳法 将母猪产后的胎盘冲洗干净，切成长4～5厘米、宽2～3厘米的小块，文火熬煮1～2小时，将胎衣连汤拌入稀粥内。从母猪产后第2天起，按每天2次喂给，喂完为止。缺乳的母猪，以木通30克、当归20克、黄芪30克煎汤，连同煮熟的胎衣一起喂给，效果极佳。或用海带250克，泡涨切细，加猪油100克煎汤，每天早晚各喂1次，连用2～3天，奶汁分泌量可大增。

（8）适时配种是关键 适宜的配种年龄：地方品种6～7月龄、体重20～55千克，杂交一代母猪8～9月龄、体重65～75千克，外来瘦肉型品种9～10月龄、体重110千克。坚持"老配早，小配晚，不老不小配中间"。母猪发情后19～30小时，待母猪的阴门红肿刚开始消退并有丝状黏液流出，按压母猪后躯呆立不动时便可配种。

（9）加强保胎措施 配种后9～13天和分娩前21天的母猪易流产，应加强保胎措施，禁喂冰冻和霉烂变质饲料。有流产先兆者可用黄芪100克，白术、甘草、当归、白芍、黄芩、砂仁各50克，续断75克，浓煎取汁。每天2剂，连用3天。

母猪的饲养管理尤其是断奶母猪的健康饲养管理，是整个猪场的重要工作之一，对整个猪场的运作都有着不可小觑的影响。也可以说，猪场经营的成败绝大部分要取决于繁殖猪群的效率，如果母猪的繁殖水平不高，那么猪场的销售将会受到很大影响。所以，饲养母猪时应最大限度地提高母猪的生产力，进而提高养殖场的经济效益。

五、空怀母猪的健康饲养

空怀母猪是指母猪处于仔猪断奶到下一次发情配种前的一段时间。一般为7～10天，个别10～30天。母猪空怀期饲养的主要任务是使其迅速恢复体力，达到正常的繁殖体况，以利再次发情配种。

101. 如何保证母猪断奶再发情？

主要决定于母猪膘情，为让母猪断奶后保持适度膘情，关键是搞好母猪哺乳后期的管理。

①哺乳后期不能过多削减精料量，并应多喂青饲料。

②抓好仔猪的补料补水，减少母猪的营养消耗。

③提早断奶，搞好断奶后几天的饲养管理。对膘情太差的母猪，不减少精料喂量，控制饮水3～4天。对中等体况的母猪，精料喂量减少1/2～1/3，控制饮水3～4天。对膘情好的母猪，停水停料1天后转入正常饲喂，既可防止乳房炎，又可使母猪尽快恢复发情。对于那些断奶10天后仍不发情的母猪，可采用相应的方法促使其恢复发情。

102. 空怀母猪的防疫措施有哪些？

①坚持自繁自养，以避免买猪时，把疫病带回来。

②猪场应设防疫员，负责定期检查疫苗的注射、驱虫和疫病监测工作，并定期向上级主管业务部门汇报。

③各类猪群应按饲养标准，配制营养全面的日粮，不仅可防止营养缺乏症的发生，而且能使猪只健康，增强抗病能力。

④积极开展灭蝇、灭鼠等活动，切断疫病传播途径。

⑤设立固定运动场，严禁猪只到处散放。

⑥发现疑似传染病的猪只，要立即隔离，迅速上报。确诊为传染病时，全场彻底消毒，全群检疫。病猪隔离治疗，健康猪进行预防接种或辅以药物预防。病猪肉经检查，按规定做无害处理后利用或焚毁深埋。

103. 怎样做好空怀母猪的饲养管理？

(1) 断奶后母猪小群饲养（一般每圈 3~5 头）　小群饲养的母猪可以自由活动，特别是设有舍外运动场的圈舍，有利于母猪的发情和配种，尤其对初产母猪效果更好；初产青年母猪产后不易再发情，主要是体况较弱造成的。因此，要为体况差的青年母猪提供充足的饲料，以缩短配种时间，提高受胎率。配种后，立即减少饲喂量到维持水平。对于正常体况的空怀母猪每天的饲喂量是 1.8 千克。

在炎热的季节，母猪的受胎率常常会下降。一些研究表明，在日粮中添加一些维生素，如维生素 B_{12}、维生素 E，可以提高受胎率。

(2) 断奶 2~3 天后实行短期优饲　每天饲喂 3~4 千克，有利于母猪恢复体况和促进母猪的发情和排卵；对于初产母猪，还要在断奶后肌内注射孕马血清促性腺激素（PMSG）进行药物催情，以避免初产后发情延迟和二胎产仔数少。

(3) 做好母猪发情观察和发情鉴定　做好适时配种；每天早晚两次观察记录空怀母猪的发情状况。喂食时观察其健康状况，及时发现和治疗病猪。

(4) 提供干燥、清洁、温湿度适宜、空气新鲜的环境。空怀母猪没有良好的饲养管理，将影响发情排卵和配种受胎。

(5) 断奶后对于乏情、异常发情和反复发情的母猪要给予更多的关注，可采用公猪诱情、应激法刺激发情和药物催情。

①给不发情的母猪肌内注射孕马血清促性腺激素（PMSG）500 万~1 000 万国际单位，发情后配合肌内注射绒毛膜促性腺激素（HCG）500 万国际单位；

②用乙烯雌酚按每头 2 毫升的剂量给不发情母猪注射，并在配种

前注射促排卵 3 号（LRH-A3），促使母猪发情、排卵并受孕。若这些措施都不能使母猪发情配种，要尽快淘汰。

104. 母猪空怀阶段饲养管理操作规程有哪些？

①空怀母猪入舍前应按消毒程序对猪舍进行消毒，入舍后按品种、产次、断奶时间，体重、体况等相近原则组群。每栏 4～5 头，每头占有面积 2.0～2.5 米²。

②舍内温度控制在 10～20℃，相对湿度 50%～70%，保持舍内空气新鲜。

③断奶后至配种阶段的空怀母猪继续使用哺乳期饲料，实行短期优饲，配种后改喂妊娠料。

④空怀母猪日喂量 2.0 千克，视体重、体况增减料量 10%～20%。日喂 2 次。保证充足饮水，饮水水质符合 NY/T5027 标准。

⑤保持圈舍和运动场的清洁卫生，每日清扫、除粪两次。舍内每周带猪消毒 1 次。运动场每月消毒 1 次，并做到冬季无积雪，夏季无积水。

⑥按免疫、驱虫程序及时进行免疫接种和驱除体内外寄生虫。

⑦随时观察母猪发情表现，及时进行配种。一般在母猪愿意接受公猪爬跨或用双手按压母猪腰荐部母猪站立不动、四肢直立、摆出待配姿势时进行第一次配种，间隔 9～14 小时再进行第二次配种。

⑧严格执行配种计划中规定的选配对象，不得随意改变，并做好配种记录。

⑨配种时耐心辅助，不得粗暴对待母猪。

⑩配种后观察 28 天，确定妊娠后转入妊娠猪舍，连续两个情期仍不孕者应淘汰。

105. 为什么管理不良会增加母猪淘汰率？

①增加母猪群的大小，会使群内的个体失去其个性。饲养人员一般只能用较少的时间对猪逐头进行观察，猪群较大时无法及早发现病

猪、受伤的猪或体重减轻的猪。往往导致母猪淘汰。这种情况并不因为繁殖障碍（不发情、反复返情、窝产仔猪少、母性差、泌乳障碍），而是母猪存栏过量，导致栏位紧张，不能及时给受伤的母猪（肢蹄疾患）或患病的母猪或瘦弱的（极端体况）母猪提供良好的饲养管理。母猪体况过差，反映了猪场管理问题和营养问题。

②缺乏熟练的、有知识、有经验的工人，会导致猪群饲养管理不良，并导致母猪死亡率和淘汰率增高。

③选择后备母猪时不仔细和缺乏经验，后备母猪初配的过早，药物应用的减少，也是造成淘汰率增高的因素。

106. 母猪久配不孕或返情率高的原因有哪些？

①后备母猪生殖系统发育不全或迟缓　用饲养育肥猪的方法培育后备母猪，造成母猪能量过剩，而蛋白质、维生素和微量元素不足或不全，影响了母猪卵巢机能的正常发育，降低了卵巢对促性腺激素的敏感性，造成母猪不发情。

②母猪营养不足，降低了激素分泌量　母猪饲料单一，在怀孕期或哺乳期营养不足，再加上母猪产仔数多，哺乳期失重过多，造成母猪断奶时过瘦，抑制了下丘脑产生促性腺激素释放因子，降低了促黄体素和促卵泡素的分泌，推迟了初产或经产母猪的再发情。

③母猪营养过剩，导致体况过肥　由于母猪食欲旺盛，体重增加快，再加上不限量饲喂，致使母猪过肥，卵子及其他生殖器官被许多脂肪包围，母猪排卵减少或不排卵，出现母猪屡配不孕或不发情。

④初产母猪生殖器官发育不全及异常，也会导致不孕。经产母猪产后细菌或病毒侵入引起母猪子宫炎、卵巢炎或卵巢囊肿等疾病，造成子宫积液积脓或卵巢有持久黄体存在，影响母猪的再发情。

⑤母猪罹患疾病　传染病如细小病毒病、非典型猪瘟、乙型脑炎、布鲁菌病、猪繁殖与呼吸障碍综合征、链球菌病；寄生虫病如弓形虫病、钩端螺旋体病；代谢病如蛋白质缺乏、维生素缺乏、硒缺乏等，均可引起屡配不孕、流产、死胎。

⑥霉菌毒素　近年发现，造成母猪屡配不孕的一个重要原因是霉菌毒素，主要是玉米发霉变质产生的霉菌毒素，包括黄曲霉毒素、烟曲霉毒素、镰刀菌毒素和赤霉菌毒素。

⑦非母猪因素　如用来配种的公猪精子数量少或质量差，也会导致母猪不孕。

107. 母猪久配不孕或返情率高的应对措施有哪些？

①对后备母猪生殖系统发育不全或迟缓的母猪，应注意降低能量饲料的比例，增加蛋白质和维生素的喂量，以恢复卵巢机能对促性腺激素的敏感性，促进正常发情。对体质良好、外观健康、膘情适中、食欲正常的不发情母猪，可在其饲料中添加维生素 E，每天 400～600 毫克，连喂 3 天；对少数仍不发情的母猪，停药 2 天后再喂一个疗程，发情后即可配种。

②对断奶后营养缺乏而过度消瘦的母猪，应加喂饲料以便母猪尽快恢复体况。饲料中除供给足够的能量和蛋白外，还应满足其矿物质和维生素的需要。

③对营养过剩、体况过肥的母猪，应在配种前进行限量饲喂，在母猪达到七八成膘的时候，一般可以发情进行配种。

④对已到配种日龄不发情的后备母猪以及断奶后超过 20 天仍未发情的初产或经产母猪，可用药物催情。按猪体重肌内注射三合激素 2～4 毫升，一般用药后 3～5 天即可发情。据临床应用，在用药物催情后的第二次发情，母猪配种受胎率和产仔数为最好。如仍不受孕，可检查初产母猪是否生殖器官发育不全或异常，对子宫发育不全、输卵管和生殖道异常等疾病，应及时进行治疗或淘汰。

经产母猪则应检查是否因产后细菌或病毒侵入引起母猪子宫炎、卵巢炎或卵巢囊肿等疾病，造成子宫积液积脓或卵巢有持久黄体存在，影响母猪的再发情，以便及时进行对症治疗。对患有卵巢囊肿或卵巢有持久黄体存在的母猪，可用 $PGF_{2\alpha}$ 或绒毛膜促性腺激素进行治疗。

108. 提高母猪繁殖性能的管理措施有哪些？

（1）科学饲养 不用饲养育肥猪的方法培育后备母猪，要按母猪饲养标准培育后备母猪和饲养初产、经产母猪。

（2）控制体重 在母猪空怀期应保持膘情适中，过肥过瘦都会影响母猪发情配种。一般要求配种前的母猪保持七成膘即可。

（3）饲喂全价日粮 初产、经产母猪的饲料营养要全，不可单一。母猪哺乳期失重以不超过分娩时体重的8％为基本合理，过多则会延迟再发情。

（4）看膘补料 从断奶后第4～7天，视母猪体况予以加料，以促进母猪发情排卵，有利配种。

109. 如何促使空怀母猪发情排卵？

在体况较好的情况下，适龄母猪一般在仔猪断奶后5～7日内发情，对超过7天还不发情的母猪，应及时采取催情措施。

（1）异性诱导法 将不发情母猪赶入公猪圈内，让公猪追逐不发情母猪；或公、母猪同圈饲养，让公猪的异性刺激通过神经反射作用，诱发母猪脑下垂体分泌促卵泡激素，引起母猪发情排卵。也可利用公猪求偶声的录音磁带，模拟生物学刺激，一日进行数次，连续数日，效果很好。

（2）调换圈舍 将不发情的母猪调到另一圈内，与正在发情的母猪同圈饲养，由于环境条件的改变，加之发情母猪的爬跨刺激，有促进母猪发情排卵的作用。这种方法最适于原来单圈饲养的母猪。

（3）加强母猪运动 实行放牧、放青，在一定程度上可促进母猪机体的代谢机能和神经、内分泌系统的调节。据试验，对20头母猪进行5～10千米驱赶运动，结果5天后有16头母猪发情。一般对膘情正常而不发情的母猪，通过运动都有明显效果。

（4）提前断奶或并窝 仔猪断奶的时间越早，母猪发情的时间也就越早。反之，仔猪断奶时间晚，母猪发情也就晚。为了让哺乳母猪早发情、早配种，可根据情况把仔猪断奶时间提前到 35 天或更早，饲养母猪较多的专业户，有很多母猪会在集中的时间内分娩，可把产仔少或泌乳力差的母猪所生的仔猪全部寄养给其他母猪哺乳，使这些母猪尽快发情并进行配种。

(5) 调整营养水平　添加富含生育酚（维生素 E）的饲料，从营养学的角度说，饲喂刺激母猪发情的饲料可收到良好效果。仔猪断奶后 3 天，母猪乳房瘪下去以后，由喂断奶母猪饲料改喂哺乳母猪饲料，其中加入 15% 的米糠（即油糠、细糠，不是谷糠、粗糠）。米糠中含有 16% 的油脂、0.74% 的赖氨酸，每千克米糠中还含有 65 毫克生育酚（即维生素 E），具有刺激生育的作用。

(6) 药物催情　注射孕马血清和绒毛膜促性腺激素。孕马血清在母猪颈部皮下注射每天 1 次，连用 2～3 次，每次 4～5 毫升，注射后 4～5 天就可以发情配种。对体况良好的母猪（体重 75～100 千克）、肌内注射 1 000 万国际单位绒毛膜促性腺激素，对母猪催情和促进排卵有良好的效果。

(7) 按摩乳房　每天早晨饲喂以后，待母猪侧卧用整个手掌由前往后反复按摩乳房 10 分钟。当母猪有发情征状时，在乳头周围做圆周运动的深层按摩 5 分钟，可刺激母猪尽早发情。

(8) 改善饲养管理　根据母猪不同体况（表 10）进行合理的饲养管理。对断奶时过分消瘦的母猪，可适当增加青饲料和精饲料的喂量，让膘情迅速恢复，促进发情。因为青饲料中除含有多种维生素外，还含有一些类似雌激素的物质，具有催情作用。反之，断奶时过肥的母猪，卵巢及其他生殖器官被脂肪所包埋，引起母猪排卵减少，屡配不孕，甚至不发情。应适当减少精料，增加青粗饲料，加强运动，使膘情下降，促进发情。另外，对准备配种的母猪，要适当增加舍外运动和光照时间，猪舍应有冬季保温、夏季防暑设施，给母猪创造一个冬暖夏凉的生活环境。对膘情适中而长期不发情的母猪，应及时请兽医检查是否患有生殖器官疾病，根据病情加以治疗或淘汰。

表 10   母猪健康的评分标准

分值	标准	背膘	臀角及尾根	背腰	脊椎	肋骨
0分	饥饿	<10毫米	臀角非常明显，尾根深凹	背腰非常狭窄，脊椎横突边缘尖锐，肋部非常空陷	整个脊椎突出明显，尖锐	肋骨外观分明
1分	较差	10~14毫米	臀角显著，但有少量组织覆盖，尾根有凹陷	背腰狭窄，脊椎横突边缘有少量组织覆盖，肋部相当空陷	脊椎明显	肋廓不太明显，不易观察到个体肋骨
2分	中等	14~16毫米	臀角为组织覆盖	脊椎横突边缘为组织覆盖，呈鼓圆状	臀部脊椎可见，后部脊椎覆盖	肋骨覆盖，但可触摸到个体肋骨
3分	良好	18~20毫米	重压后可触到臀角，尾根无凹陷	重压后可触到脊椎横突，肋部充实	重压下可触到脊椎	肋廓不见，不易触摸到单个肋骨
4分	稍肥	20~24毫米	臀角无法触摸到，尾根无凹陷	无法触摸到脊骨，肋部充实鼓圆	无法触摸到脊椎	无法触摸到肋骨
5分	过肥	>24毫米	脂肪无法再沉积	脂肪无法再沉积	脂肪垄条间轻微凹陷，出现中线	脂肪覆盖厚实

110. 如何掌握空怀母猪配种时机?

一般在排卵前 24 小时，进行人工授精可以达到最佳的受精率。通常根据排卵时间来确定适宜的配种时间，通常在静立发情开始 12 小时后对青年母猪和经常母猪进行配种。

在实际生产中由于工作时间的限制，通常采用上午发情下午进行配种，下午发情第二天上午进行配种。

111. 如何做好空怀母猪发情鉴定?

(1) 外部观察法   母猪在发情前会出现食欲减退甚至废绝，鸣叫，外阴部肿胀，精神兴奋，爬跨同圈的其他母猪。同时对周围环境的变化及声音十分敏感，一有动静马上抬头，竖耳静听，并向有声音的方向张望。进入发情期前1～2天或更早，母猪阴门开始微红，以后肿胀增强，外阴呈鲜红色，有时会排出一些黏液。若阴唇松弛，闭合不全，中缝弯曲，甚至外翻，阴唇颜色由鲜红色变为深红或暗红色，黏液量变少、黏稠且能在食指与大拇指间拉成细丝，即可判断为母猪已进入发情盛期。

(2) 压背试验查情法 如果母猪不躲避人的接近，甚至主动接近人，如用手按压母猪后背或骑背，母猪表现静立不动并用力支撑或有向后坐的姿势，同时伴有竖耳、弓背、颤抖等动作，说明母猪已经进入发情期，这一系列反应称为静立反应。这时一般母猪会允许人接触其外阴部，用手触摸其阴部，发情母猪会表现肌肉紧张、阴门收缩。触摸侧腹部母猪会表现紧张和颤抖。应该提醒的是，人工查情法往往不能及时发现刚进入发情期的母猪，因为在没有公猪气味、声音、视觉刺激的情况下，仅凭压背试验母猪出现静立反射的时间要晚得多。如果每天只进行一次查情，当发现发情母猪时，可能已经错过了第一次配种或输精的最佳时间。

(3) 试情公猪查情法 试情公猪应具备以下条件，最好是年龄较大、行动稳重、气味重；口腔泡沫丰富，善于利用叫声吸引发情母猪，并能靠气味引起发情母猪反应；性情温和，有忍让性，任何情况下不会攻击配种员；听从指挥，能够配合配种员按次序逐栏进行检查，既能发现发情母猪，又不会不愿离开发情母猪。如果每天进行一次试情，应安排在清早，清早试情能及时地发现发情母猪。如果人力许可，可分早晚两次试情。我国大多数猪场采用早晚两次试情。

试情时，让公猪与母猪头对头试情，以使母猪能嗅到公猪的气味，并能看到公猪。因为前情期的母猪也可能会接近公猪，所以在试情中，应由另一查情员对主动接近公猪的母猪进行压背试验。如果在压背时出现静立反射则母猪已经进入发情期，应对这头母猪进行发情开始时间登记和对母猪进行标记。如果母猪在压背时不安稳为尚未进入发情期或已过了发情期。

112. 提高母猪繁殖率的八项措施是什么？

(1) 加强母猪的饲养管理 在母猪空怀期、怀孕中期和哺乳后期多喂粗料，适当喂给青料；怀孕初期、后期及哺乳初期足量供给蛋白质、矿物质及维生素丰富的精料和青绿多汁饲料，同时要给母猪提供一个相对稳定的生活环境，尽可能减少转群、驱赶、打架等外界刺激。

(2) 合理安排母猪的配种季节 最好选择在4～5月份配种，9～10月份再配种，并反复循环，这样能使母猪在春秋两季配种产仔，避开寒冷和炎热的冬夏环境。

(3) 适时配种 一般情况下，在母猪发情后19～30小时，待母猪阴门红肿刚开始消退，并有丝状黏液流出，按压母猪后躯呆立不动时适时配种。初产母猪要在7～8月龄、体重100千克以上时开始配种。

(4) 正确的配种方法及确保精液质量 必须采用双重配（即出现候配反应时配第一次，间隔12小时再配一次），可明显增加受胎率及产仔数。若采用人工授精技术，须选用健康优种公猪的精液，每毫升精液要求精子在0.4亿个以上，精子活力在0.6级以上，器械要严格消毒，先用0.01％的高锰酸钾液精洗母猪外阴部，再将输精管缓慢插入到子宫颈内20～30厘米，然后连上输精注射器，缓慢注入20毫升。

(5) 做好记录 对配种情况进行详细记录，避免近亲繁殖。

(6) 做好疫病防治工作 特别是乙型脑炎、流行性感冒、布鲁菌病等的预防，发现疾病及时治疗。有流产先兆者，要立即注射黄体酮15～25毫克，并内服镇静剂来安胎。

(7) 搞好母猪分娩产仔工作 母猪产前5～10天，将产圈扫干净，并用10％～20％新鲜石灰水喷洒消毒。临产前用2％～5％的来苏儿液消毒母猪的腹部、乳房和阴户。母猪产仔后及时掏出仔猪口鼻中黏液，扯去胎膜。对假死仔猪可用拍打胸部、倒提后肢、酒精刺鼻和人工呼吸等方法急救。对于难产母猪要做好助产，使母猪顺利产仔。此外，保温对初生仔猪尤为重要。仔猪出生时分娩舍的温度必须保持在 26～32℃，分娩后 1 周至断奶为 26～28℃。

(8) 仔猪断奶及母猪哺乳期配种　一般情况下，在仔猪断奶后 3～5 天时，若母猪没有丝毫的发情现象，就要给母猪喂食一定剂量的催情药。待母猪发情后，立即进行配种，以提高年胎产数。

113. 空怀母猪饲料中添加矿物质元素应注意什么？

(1) 矿物质元素的饲养标准　目前有我国国家标准和美国 NRC（全国研究理事会）标准。NRC 标准数据较全面和经常更新，是目前广泛应用的矿物质元素标准，因此生产应用多以 NRC 标准为参考，再根据实际情况和影响因素进行相应调整，以确定生产使用的矿物质元素饲养标准。一般情况下，饲料原料中的微量矿物质元素含量较低，计算时可以不予考虑；但如果含量较高，则应考虑。钙、磷、氯、钠等常量元素，一般必须考虑。

(2) 选择合适的矿物质元素添加剂　矿物质元素饲料一般分为常量元素和微量元素两类。常量元素多用钙、磷、氯、钠四种，主要以石粉、骨粉、磷酸氢钙和食盐等独立进行添加；微量元素正常只应用铁、铜、锌、锰、碘、硒等，商品形式一般为多种微量元素预混剂，以禽或畜矿物质元素预混料命名。因此，选择矿物质元素添加剂时，应选择质量较有保证和信誉较好的产品；要注意其微量元素品种、含量和比例是否与所选用饲养标准相符，注意其是否符合国家规定，有害元素氟、铅、汞等是否超标，以免使用后产生不良作用。

(3) 注意所用矿物质元素添加剂的纯度　矿物质元素添加剂多数为氧化物和盐类，有一定的纯度，每种化合物中元素都有一定含量和一定的生物利用率。因此，应用矿物质元素添加剂时，应先根据其化合物的纯度、有效含量和利用率，折算成矿物质元素的有效利用后再确定用量。

(4) 注意矿物质元素的相互影响　矿物质元素之间可相互影响，如磷与镁、锌与铁和铜等可相互抑制吸收，过高的钙可限制锌、锰、铜的吸收和利用。因此，在应用时应注意这些影响，尽可能使多种矿物质元素比例合理，以尽可能提高其吸收和利用率。

(5) 谨防矿物质元素中毒 矿物质元素过量可抑制动物生长，并产生中毒症状，以致死亡。因此，在应用矿物质元素时要注意防止矿物质元素过量，特别是硒等安全范围较低的元素。饲料中的矿物质元素添加剂往往含有铅、镉、砷和汞等重金属元素，这些元素对动物健康有不良影响，并可能造成重金属元素中毒。常规矿物质元素添加剂中重金属元素的限量为：铅 30 毫克/千克、镉 10 毫克/千克、砷 10 毫克/千克、汞 0.1 毫克/千克。因此应选用质量较有保证的产品，尽可能应用纯度和生物利用率较高的矿物质元素化合物，以减少杂质中有害元素的破坏和不良作用，并做好稀释预混，保证较高的混合均匀度。

(6) 应用微量元素氨基酸螯合物 微量元素氨基酸螯合物是一种新型的微量元素添加剂，具有较好的稳定性，较高的生物效价，容易吸收利用，无刺激，使用安全性高，且能促进动物生长和提高繁殖性能，是一种较理想和安全的微量元素添加剂。但价格相对较高，有条件的养猪场可根据需要选用。

(7) 合理利用矿物质元素提高生产性能 在一定条件下，合理应用某些矿物质元素可较好地提高动物的生产性能。例如，在仔猪饲料中应用 125～250 毫克/千克铜，可有效地减少仔猪腹泻等常见疾病，促进生长，提高饲料利用率，与抗生素联用，效果更为明显；在怀孕母猪中应用高剂量的镁，可有效地防止母猪便秘等现象。

114. 生产中对母猪饲料的认识有哪些误区？

(1) 饲喂后肤色发红的饲料就是好饲料 在日常养殖中，猪在一定生长阶段皮肤表现红润、毛色发亮、毛光顺，的确是生长较快的表现。有些饲料生产厂家为了迎合这一现象，违规超大剂量使用有机砷制剂，猪采食后表现皮肤发红，却对人体和环境造成影响。

(2) 猪吃后喜睡就是好饲料 传统认为，小猪要适当地运动，大猪减少运动。因此，许多养殖场认为猪吃后最好多睡、减少运动，这样可加快生长速度。为此，一些饲料厂家就采用催眠和镇静的办法，促进猪的睡眠，从而促进猪生长。但从食品卫生角度来说，猪采食了这些带有药物的饲料，减少了运动，促进了生长，同时也会产生抗药性以及产生药物残留。

(3) 低档低价饲料可以降低成本　养殖场在选购饲料时往往把价格作为首先标准，认为饲料价格越低，养殖成本就低。畜禽对饲料标准的要求不同阶段是不同的，在仔猪阶段需要高能高蛋白饲料，在架子猪阶段以拉架子为主，可以选用低能量和低蛋白质而含钙等微量元素含量较高的饲料。同时，要注意选用低价饲料时不要使用有霉变等品质差的饲料，这样会得不偿失。

(4) 人嗅着香、腥味浓的饲料好　一般情况下，使用鱼骨粉和豆粕较多的饲料嗅着较香和腥味浓。但要注意的是，这不是判断饲料的标准，一定要注意饲料的内在品质，有的厂家在饮料中添加了香味剂。

115. 饲料中微量元素对空怀母猪有哪些影响？

我国猪饲料中必需微量元素的营养仍然存在较严重的盈缺问题。

(1) 引起猪饲料必需微量元素盈缺的主要因素

①饲料配制过程中未充分考虑饲料原料中的必需微量元素含量：饲料原料中必需微量元素的含量受品种、土壤类型、气候类型等因素影响，造成其在饲料原料中的含量变异很大。因此，用统一的标准向饲料中添加必需微量元素，往往造成其不足或过量。另外，在传统的饲料配合中饲料原料所含必需微量元素通常不予考虑，畜禽生长所需的必需微量元素需要另外添加。

②滥用必需微量元素添加剂：必需微量元素添加剂的不科学补充，普遍添加超量。为了促进猪的生长在猪饲料中添加高铜（125～250毫克/千克）、高锌（2 000～3 000毫克/千克）制剂较为普遍。由于铜、锌的吸收率较低，饲料中添加的铜、锌大量排出体外后对土壤和水体造成污染。

③必需微量元素的生物利用率低：必需微量元素的生物利用率直接影响到猪的生理需要量和耐受量。生物利用率越低，需要量和耐受

量就越高。必需微量元素的生物利用率受多种因素影响，包括饲料中微量元素的化学形态、微量元素之间或与其他养分之间的相互作用以及饲养条件和猪体内环境等。化学形态是影响微量元素生物利用率的主要因素。

（2）必需微量元素盈缺对养猪生产的影响 必需微量元素盈缺将降低猪的生产性能。日粮铜含量超过 375 毫克/千克时，铜对猪的促生长作用消失。铜或锌过量都会影响彼此的利用率。日粮中高铜使得铁、锌利用率相对降低，诱发缺乏症，表现为腹泻和皮肤病增加，增重减少。过量添加微量元素往往引起机体组织器官特别是一些极为重要的代谢器官的异常变化，这些器官的异常变化进一步影响猪对营养物质的吸收和利用，从而导致生产性能降低。猪日粮中铜不足，同样会引起猪生产性能的降低。

116. 如何防治母猪裂蹄病？

（1）病因 母猪裂蹄病广泛存在于规模化集约化猪场中，因发生该病而被淘汰的种猪占淘汰数 80％ 左右，给养猪场带来较大的经济损失。生物素缺乏时，不能维持蹄的角质层强度和硬度，蹄壳龟裂，蹄横裂，脚垫裂缝并出血，有时有后腿痉挛、脱毛和皮炎等症状，因蹄角质变软、易磨损，再加上猪舍地板粗糙导致裂蹄，接着病猪出现裂口感染，严重时出现跛行。

（2）防治措施

①选育抗肢蹄病的品种：

A. 群体选择：通过肢蹄结实度选择改良猪肢蹄结构，并使整个体型发生变化，从而避免发生此病。

B. 个体选择：对体形过大、肢蹄过于纤细、单位面积支撑骨负重过大、易引起肢蹄损伤的个体，应坚决淘汰，不留作种用。

②改善饲料营养：喂给全价平衡的饲料，确保矿物质、维生素尤其是生物素、亚油酸的供给量。

A. 矿物质：要保证钙、磷足够的供给量和恰当的比例，并保证锌、铜、硒、锰等微量元素的供给量。

B. 维生素：满足维生素 D 的需求量，添加生物素可提高蹄壳硬度。

C. 亚油酸：自然干玉米中亚油酸含量丰富，且未受到破坏；膨化大豆和豆油中均含有大量的亚油酸，对生物素的吸收有一定的好处。因此，在配制易发生裂蹄的种猪饲料时，建议采用自然干玉米，添加豆油或一定比例的膨化大豆。

③改善圈舍地面结构、质地和管理：

A. 要保持水泥地面适宜的光滑度，倾斜度小于 3°，地面无尖锐物、无积水。

B. 集约化养猪场地面最好采用环氧树脂漏缝地板。

C. 有条件的猪场应保持种猪有一定时间的户外活动，接受阳光，有利于维生素 D 的合成。

④改善饲料配方：每千克母猪料（怀孕母猪料、哺乳母猪料）在预混料基础上，添加 0.1 克硫酸锌，连用 7 天。每千克母猪料添加罗维素 H-2（含 2% 生物素）0.15 克，经 7 天的添加和蹄部治疗，肢蹄裂症基本可痊愈。

⑤防止继发感染：在运动场进出口处设置脚浴池，池内放入 1～2 毫升/升福尔马林溶液消毒，已发生或刚发生裂蹄的猪经消毒后，用氧化锌软膏对症治疗或 1 克/升高锰酸钾溶液清洗蹄裂部或溃疡，擦干后，涂以金霉素软膏，每天 1 次；因蹄裂、蹄底磨损等继发感染，肢蹄发炎肿胀，可用青霉素、鱼石脂等治疗。

117. 水中矿物质对母猪的健康有哪些影响?

①地下水中常见的矿物质元素有铁、硫、氯和镁。这些矿物质均能与钙、镁、钠等形成复合物，构成水中的总可溶性物质。据报道，当水中总可溶物超过 5 000 毫克/升时，会引起猪腹泻，影响生产性能，使猪的运动能力下降。

②水中对猪有害的硝酸盐。硝酸盐存在于地表和地下水中，可以转化为亚硝酸盐，后者是有毒的。硝酸盐转化生成亚硝酸盐后才产生毒性。水中亚硝酸盐浓度在 100 毫克/千克以下是安全的，但当水中

亚硝酸盐浓度高于100毫克/千克时，能将血红蛋白转化为高铁血红蛋白。血液中高铁血红蛋白不能给组织转运充足的氧，如果血液中高铁血红蛋白含量过高，有可能导致猪死亡。

118. 如何防治猪肺疫？

猪肺疫又称猪巴氏杆菌病、猪出血性败血症、锁喉风，是由多杀性巴氏杆菌引起的一种急性传染病。

(1) 临床症状 潜伏期一般为1～3天，多则5～15天，按病程长短一般可分为三型。最急性型呈现败血症症状，病猪常在一夜之间突然死亡。病程稍长的，体温升高到41～42℃或以上，张口喘气，食欲废绝，黏膜蓝紫色，咽喉部肿胀、有热痛，重者可延至耳根及颈部，口鼻流出泡沫，呈现犬坐姿势，最后窒息死亡。病程1～2日。

急性型主要表现纤维素性胸膜炎症状，败血症症状较轻。猪病初便秘，后期腹泻，皮肤有紫斑。病程4～7日。慢性型多见于流行后期，主要表现为慢性肺炎或慢性肠炎症状。持续性的咳嗽，呼吸困难，体温时高时低，精神不振，有时关节肿胀，皮肤发生湿疹。最后腹泻，衰弱死亡。

(2) 预防与治疗 预防本病应坚持自繁自养，平时加强饲养管理工作，避免应激因素对猪的影响。做好疫苗的注射工作，死猪要深埋或烧毁。

发现病猪及可疑病猪要立即隔离治疗，并加强饲养管理。用庆大霉素每千克体重1～2毫克，氨苄青霉素每千克体重4～11毫克，四环素每千克体重7～15毫克，均为每日2次肌内注射，直到体温下降，食欲恢复正常为止。

119. 如何预防和控制口蹄疫？

口蹄疫是猪场的主要杀手之一，发生口蹄疫对养殖场是不折不扣的灾难。为了预防口蹄疫的发生，养猪场必须严阵以待，执行严格的消毒防疫制度，不能有丝毫的懈怠。从多年来的国际防疫形势可以看出口蹄疫的严重性和感染的广泛性。因此，笔者试图从一些资料中总结出一些预防和净化的方法，供养殖场研究和参考，以避免口蹄疫带来的经济风险。

（1）对于疫区中未感染口蹄疫的场进行严格的预防

①从每年的 11 月份到次年的 6 月份，进行严格的疫病封锁。生产人员在长达半年的时间内必须采取有效的封锁措施，以保证每个生产人员在休假之后进入猪场时不带入病毒。

②必须严格消毒。从场外道路、猪场周围到办公区的消毒，从生产区道路到生产车间带猪消毒，必须保证有效。凡是与猪最后有可能接触的人员、物品等必须有三道消毒设施的消毒处理。消毒在防疫期内必须保证每周至少 2 次。

③猪群必须保证在有效的免疫期内。国家有定点的口蹄疫疫苗生产厂家，疫苗质量有保证。但是，我们仍然建议每隔 3 个月就要对猪群进行一次免疫。免疫后的 15～20 天内，生产人员务必做到完全封锁，不安排休息。

④口蹄疫传入的主要途径依然是接触传染，尤其是生产人员和猪群的接触。出售种猪和肉猪的过程中，饲养员赶猪出场很有可能接触到外来车辆和人员，再不经意之间均可能传播病毒。因此，杜绝种猪回流，采取中间增加转运的过程避免饲养员和外来车辆、人员的接触。猪通过的道路、猪台必须经过消毒处理，使用高浓度的火碱消毒是一种既经济又有效的方式。

⑤防疫绝对不能麻痹。只有认真地做好防疫工作，才有可能防止口蹄疫的发生。

（2）口蹄疫易感区的疫病控制

①发现口蹄疫可疑疫情必须马上隔离。隔离一定要快。隔离猪一旦确诊，必须马上处理。处理时要把与发病猪同圈的未发病猪一同处理掉。

②保证彻底清理病毒。对发病舍（圈）要进行及时的消毒，消毒浓度要超过一般消毒时的两倍。使用的药物必须有效，最好使用火碱或其他确认有效的消毒药。每天进行两次带猪消毒，以杜绝口蹄疫的

再度发生。

③马上将发病猪群与未发病猪群分为两个管理单元，进入疫期管理。两个不同管理单元消毒制度相同，但是不能有任何交叉。人员、工具、饲料运输必须严格分开。

④不要盲目进行紧急预防接种。必须对猪群的口蹄疫免疫期进行核实，如果免疫期在 3 个月的有效期内，不要注射疫苗。对发病舍的猪也不要进行疫苗注射，原因是注射疫苗反而会降低猪的免疫抵抗力，造成感染者迅速发病。如果未发病猪群超过 3 个月的免疫保护期，可马上进行预防注射，但人员与用具等需与发病群严格区分。

⑤对饲养员进行舍内封锁，舍内封锁时间超过 15 天。如果 15 天内没有新的病例发生，可以执行场内封锁。

⑥发病期间禁止向外出售任何猪只。全场办公区和生产区必须每天进行一次消毒。没有口蹄疫发生 45 天后，如没有复发，才可以售猪。一切措施才可转为疫区未发病猪场的封锁措施。

120. 夏秋季节慎防猪丹毒应注意什么？

猪丹毒是由猪丹毒杆菌引起的一种急性、热性传染病。病程多呈急性败血症、亚急性疹块型以及慢性多发性关节炎、心内膜炎。该病广泛分布于世界各地，对养猪业危害很大。

(1) 预防　平时要加强饲养管理，保持猪舍用具清洁，加强检疫，定期预防接种和预防性投药，免疫接种丹毒疫苗前后 1 周禁止使用抗生素及其他化学药物。仔猪一般在 50～60 日龄进行免疫接种，种猪群每年春秋各免疫一次，每次相隔 6 个月。

(2) 治疗　发病后应早期确诊，隔离病猪，及时治疗。青霉素为首选抗生素，用量每千克体重 1 万国际单位，每天 2～3 次肌内注射。应该注意的是，经治疗后体温下降、食欲和精神好转时，仍需继续注射 2～3 次，以巩固疗效，防止复发或转为慢性。也可用土霉素、四环素、金霉素或链霉素进行治疗。同时还应进行全群用药，可有效控制疫情。用抗猪丹毒血清治疗发病猪只，也可取得较好效果。药效消失时，应及时补注疫苗。对于病死猪应深埋或无害化处理，全场进行彻底消毒。对于无饲养价值的病猪及时淘汰。

121. 防治猪寄生虫病应注意什么？

应根据不同年龄、体质、病情和寄生虫的生物学特性，采取不同方法，在对症治疗、提高病猪抵抗力的基础上，应用恰当的驱虫药。所选用的药物要安全有效，成本低廉，低毒，使用方便。具体操作应注意以下几点。

(1) 注意驱虫时间　驱虫以春秋两季为主，仔猪一般在45～55日龄进行第一次驱虫，以后每隔60～70天再驱虫一次。驱虫宜在晚间进行，可取得满意效果。

(2) 选用科学的驱虫方法　在给猪驱虫时，先停喂一顿（约12小时），晚间喂食时将药物与饲料拌匀，一次喂给。若猪只较多，需注意每头猪的喂量，切忌喂饲不均。仔猪耳部给药驱虫要注意清洁耳部皮肤，药液要涂抹均匀。

(3) 选用恰当的驱虫药　驱虫药应选择广谱、低毒、高效药物。如打虫星、驱虫精、丙硫咪唑、左旋咪唑等。打虫星按每千克体重1克喂给，驱虫精按每千克体重20毫克使用，丙硫咪唑每千克体重用药15毫克，左旋咪唑每千克体重用药8毫克。如使用敌百虫，可按每千克体重80～100毫克计算。耳部驱虫涂液应根据说明书掌握涂抹药量。中药驱虫可用使君子：体重10～15千克仔猪每次5～8粒；体重20～40千克的猪每次15～20粒；或用生南瓜子，每千克体重2克，连喂2次，效果较好。

(4) 搞好猪舍的环境卫生及消毒　驱虫后要及时清理舍内粪便，采取堆积发酵、焚烧或深埋。舍内地面、墙壁、饲槽应使用10%～20%石灰乳或10%～20%漂白粉液消毒，以杀灭寄生虫虫卵，减少二次感染机会。

(5) 加强饲养管理　多喂维生素和矿物质丰富的饲料，增强猪的体质和抗病能力。同时给足清洁水，定期给猪舍、用具、食槽、水槽等消毒。

122. 猪铜中毒怎么办?

因铜可促进猪生长和使之皮红毛亮,所以饲料内多添加铜作为促生长剂,一般用量为每吨饲料 125~250 克。日粮中含铜 125~250 克/吨,对猪有益;若日粮中含铜量达 500 克/吨,可使猪中毒。但也有报道日粮中含铜 250 克/吨长期喂饲,也可使猪中毒。

(1) 症状 食欲旺盛的猪先发病。

①急性:以胃肠炎症状为特征。中毒猪不食,流涎,呕吐,渴感增加,肚痛,水样腹泻,粪呈青绿色或蓝紫色,恶臭,内混有黏液,肛门松弛,眼球凹进,四肢无力,体温正常。上吐下泻严重的因大量脱水,引起循环衰竭,可在 3~4 天内死亡,死前 1~2 天可出现血红蛋白尿。

②慢性:中毒猪少食到不食,精神不振,消瘦,腹泻,颤抖,皮肤与眼结膜苍白略带黄色,喜饮水。有的仔猪可继发水肿病而死亡。

(2) 治疗

① 5%葡萄糖氯化钠注射液 100~200 毫升、葡萄糖酸钙 100 毫升、10%安钠咖 4~8 毫升、维生素 B_1 10 毫升,混合一次静脉注射,每天 1 次,连用 3 天。

②氧化锌 2 克,一次内服,每天 2 次,连服 3~4 天。

③供给充足的"口服补液盐"作饮水。

123. 如何防治母猪癞皮病?

(1) 癞皮病 2~4 月龄的猪其周身皮肤覆以棕褐色痂皮,且表现精神呆滞、食欲减退、全身发痒及生长停滞等症状。群众习惯上将其称为"猪癞子"。发生癞皮病的病因有。

①寄生螨类所致。

②仔猪缺乏 B 族维生素中的烟酰胺,烟酰胺有助于动物的新陈代谢,可防止癞皮病发生。给仔猪提供富含色氨酸的饲料,亦能防止癞皮病的发生。

③缺锌亦能呈现类似于癞皮病的症状，兽医临床上称之为幼猪皮肤角化不全症，幼猪周身布满灰色痂皮。

④湿疹病：湿疹发生的病因有机械性原因，如摩擦、昆虫咬刺；物理性原因，如火伤、阳光灼伤；化学性原因，如各种化学药品（酸、碱和腐蚀性物质）涂擦，含有松节油、巴豆油的软膏对皮肤的刺激；皮肤感染微生物等。湿疹病往往发生于便秘、慢性消化不良、肝疾患、中毒以及中枢与植物性神经系统障碍时，即神经病理型湿疹。

(2) 治疗　弄清仔猪癞皮病的发病原因，对癞皮病进行对症治疗。

针对烟酰胺缺乏症，可给仔猪投喂烟酰胺片。每猪每次内服30～50毫克。每天3次，连喂10天为一个疗程。亦可饲喂酵母片或注射复合维生素B。同时调整饲料，提供富含色氨酸的饲料。

当确诊由于缺乏微量元素锌所致，可在每千克饲料内拌入硫酸锌0.5～1克，10天为一个疗程，一般在一个疗程内即可奏效。因寄生螨类所致，可在饲料中拌入阿维菌素按每千克饲料拌入3～4克粉剂，连续饲喂15天，或注射阿维菌素或伊维菌素。

如果是患湿疹病，可选用干燥性或被覆性的散剂或软膏治疗，也可采用自家血疗法。即采自家血液30～40毫升，注射于皮下或肌内，第2天增加10毫升，第3天再增加10毫升，局部每天可用灭菌后的纱布浸自家血液热敷。

124. 如何治疗母猪厌食症？

(1) 喂胡椒粉和辣椒面　由于胡椒粉、辣椒面含有辛味和香气，并有刺激性，可加速猪的胃肠蠕动，促进、增加胃液分泌，提高猪的消化能力。

(2) 喂食盐　在猪饲料中添加适量的盐（每天最多不超过5克），可以提高并改善饲料的适口性，增加猪的食欲和饮水量，促进猪的消化吸收能力。

(3) 喂食醋　在每千克饲料中添加食醋10毫升拌匀，可明显地增加饲料的香气，不但猪爱吃喜食，而且还可以帮助消化，促进猪的生长发育。

（4）喂甜味剂　在每千克饲料中添加糖精0.5克，可明显提高饲料的适口性，增加猪的采食量。

（5）喂香味剂　在猪的饲料中添加0.1％的味精，可显著提高猪的食欲，加速猪的生长速度。

125. 如何及时淘汰生产水平低下的母猪？

①后备母猪：淘汰300日龄以上的母猪；

②断奶母猪：母猪断奶后超过30天未发情的淘汰；

③子宫炎母猪：治疗一个情期（21天）未见好转的母猪淘汰；

④无仔母猪：淘汰无仔待配超过45天的母猪；

⑤流产母猪：淘汰流产待配超过45天的母猪；

⑥肢蹄病母猪：瘫痪母猪、严重肢蹄病经7天治疗无效的空怀母猪，确定不能分娩的怀孕母猪；

⑦屡配不孕母猪：二元母猪配种2次未配上淘汰，纯种母猪指数在130以下的配种3次未配上淘汰，纯种母猪指数在130以上配种4次未配上淘汰；

⑧体况差的母猪：断奶时背膘小于10毫米的母猪淘汰；

⑨纯种母猪有效奶头数少于或等于10个的，二元母猪有效奶头数量少于或者等于12个的；

⑩连续两胎产活仔数低于8头的纯种母猪，连续两胎产活仔数低于9头的二元母猪，三胎以上的母猪产活仔数低于10头的母猪；

⑪在配种量满足的情况下，SPI低于90的长白大白二元母猪，TSI低于90的杜洛克母猪。血检伪狂犬病野毒阳性、蓝耳病抗体阳性、猪瘟抗体阳性者。

126. 传统人工授精技术操作要点有哪些？

（1）选择合理的输精管　初产母猪应该选择小头的输精管，经产母猪选择大头的输精管。

(2) 选择合理的输精时间　一般在母猪出现静立反应 12 小时后开始输精。但由于生产上不易掌握这个时间，所以采用上午发情，下午进行配种。夏天应该选择太阳未升起时或选择日落后进行配种，这样有利于提高受胎率。

(3) 输精操作　让母猪自然站稳，在母猪旁边用公猪进行诱情。然后给母猪套上背夹，进行输精操作。输精员先用消毒水清洗母猪外阴部，后用纸巾将外阴部的消毒水擦干。用左手将母猪阴唇张开；右手持输精管，先用少许精液蘸湿阴道口，然后将输精管缓缓插入阴道，并向前旋转滑进，直到子宫颈内。待插进 25～30 厘米感到插不进时，稍稍向外拉出一点，如果感觉输精管受到往回抽的力，此时可以将精液缓缓注入母猪子宫。输精量每头次为 80 毫升。输精不宜太快，一般每次需 5～10 分钟。输精时如有精液倒流，可转动胶管，换个方向再注入母猪子宫内。输精完毕半个小时后顺时针缓缓抽出输精管，然后用手按压母猪腰部或在其臀部轻轻拍打几下，以免母猪弓腰收腹，造成精液倒流。

127. 空怀舍消毒要点有哪些？

①每日做好清洁卫生工作，整理圈舍物品，圈舍内不得有猪粪、垃圾存在；

②每周进行 2 次圈舍、猪只冲洗，冬季给猪只梳毛；

③每周 1 次带猪喷雾消毒，按照 6 米³ 雾化计算药量，消毒前需完全清洗猪舍，包括圈舍料线、设备、物品，清洗方法根据需求而定，设备采用除尘、消毒毛巾擦拭进行，消毒前保护电子设备；

④每月 1 次带猪喷雾大消毒，按照 6 米³ 湿化计算药量。消毒前需完全清洗猪舍，包括圈舍料线、设备、物品，清洗方法根据需求而定，设备采用除尘、消毒毛巾擦拭进行，消毒前保护电子设备；

⑤实验室一律采用除尘、消毒酒精擦拭；

⑥每月接受生产管理者不低于 4 次检查，接受兽医 1 次以上细菌学培养检查。

128. 如何定期对一些繁殖性病毒进行检测？

①每季度血检一次，抽检率5％，检测猪瘟抗体、伪狂犬野毒抗体、蓝耳病抗体；

②后备猪检测乙脑病毒和细小病毒；

③实施免疫、保健程序；

④进行30份猪只样本的全面检测；

⑤兽医每周作一次健康管理汇报。

一旦发现带毒的母猪应该做相应的隔离、淘汰处理。

129. 深部输精的操作要点有哪些？

深部输精是一种高效的输精技术，能够明显降低生产成本。但需注意相关的操作技巧。

①先按照传统的人工授精技术操作；

②当外管固定在子宫颈时，先让母猪放松一会儿再调节细管的长度，当内管进入合适的长度（10厘米、15厘米、20厘米根据不同母猪的体况而定），然后开始进行输精；

③输精不能过快，应该缓慢地挤压输精瓶，防止精液倒流。从开始挤压输精瓶到输精结束，时间控制在30秒左右；

④深部授精技术与传统的人工授精技术的原理是不同的，传统方法中给母猪负重如压袋、套背夹、抚摸乳房，从而促进子宫收缩产生负压使精液进入母猪的子宫内。该法不能在深部输精上使用的，因为当子宫收缩时会堵住细管从而使精液不容易进入子宫内。

附　　表

附表 1　母猪健康饲养的饲料配方（％，兆焦/千克）

饲料	怀孕前期				怀孕后期		哺乳期	
	1	2	3	4	1	2	1	2
玉米	64.1	60.3	62.0	52.0	50.0	43.3	57.6	49.4
麸皮	32.3	27.3	23.9	27.0	47.0	43.5	30.5	30.1
豆粕	1.0	3.4	—	—	1.0	—	9.8	8.3
小麦	—	—	—	10	—	10	—	10
棉仁粕	—	—	5	2.8	—	—	—	—
磷酸氢钙	1.78	0.13	0.24	—	—	0.1	0.07	0.06
石粉	—	0.45	0.44	0.5	1.18	0.95	1.13	1.2
食盐	0.32	0.32	0.32	0.30	0.32	0.32	0.4	0.44
添加剂	0.5	0.5	0.5	0.5	0.5	0.5	0.5	0.5
沸石	—	7.6	7.7	6.9	—	1.23	—	—
代谢能	11.72	11.09	11.09	11.09	11.09	11.09	11.72	11.72
粗蛋白质	11	11	11	1.2	12	12	14	14
钙	0.61	0.61	0.61	0.61	0.61	0.361	0.64	0.64
有效磷	0.57	0.24	0.24	0.24	0.3	0.3	0.28	0.28
赖氨酸	0.36	0.39	0.36	0.35	0.41	0.39	0.55	0.53
蛋氨酸＋胱氨酸	0.38	0.38	0.38	0.38	0.38	0.38	0.46	0.46

附表 2　母猪健康饲养中几种主要疫病的免疫程序

日　龄	疫苗种类	接种方法
后备猪留作种用时	猪瘟疫苗	肌内注射
配种前 1 个月	细小病毒病疫苗	肌内注射
母猪产前 45～15 天	大肠杆菌病（仔猪黄痢）K88、K99、987P 病疫苗	肌内注射
母猪产前 40～42 天	冠状病毒（传染性胃肠炎弱毒疫苗）病疫苗	肌内注射
母猪产前 30 天	仔猪红痢菌苗	肌内注射
母猪产前 15～20 天	仔猪大肠杆菌（仔猪黄痢）K88、K99、987P 病疫苗	肌内注射
母猪产前 15 天	仔猪红痢菌苗	肌内注射
仔猪生后哺乳前 12 小时	猪瘟兔化弱毒疫苗	肌内注射
仔猪出生 3 天	链球菌菌苗	肌内注射
仔猪出生 7～15 天	气喘病疫苗	右侧胸腔注射
仔猪出生 25～35 天	猪瘟＋猪丹毒＋猪肺疫三联苗	肌内注射
仔猪出生 35 天左右	仔猪副伤寒	肌内注射
仔猪出生 70 天	猪瘟＋猪丹毒＋猪肺疫三联苗	口服或肌内注射
仔猪出生 75 天	传染性萎缩性鼻炎菌苗	肌内注射

参 考 文 献

陈清明.1999.现代养猪生产.北京：中国农业大学出版社.

陈润生.1995.猪生产学.北京：中国农业出版社.

冯淇辉.1983.兽医临床药理学.北京：科学出版社.

葛云山，林继煌.2000.养猪生产关键技术.南京：江苏科学技术出版社.

江斌.2015.猪病诊治图谱.福州：福建科学技术出版社.

李炳坦.1992.中国培育猪种.成都：四川科学技术出版社.

李德发.2000.最新猪的营养与饲料.北京：中国农业大学出版社.

李德发.1998.猪营养需要.北京：中国农业大学出版社.

李世安.1985.应用动物行为学.哈尔滨：黑龙江科学技术出版社.

李同洲.2001.科学养猪.北京：中国农业大学出版社.

林日煦，1988.畜牧业经济与管理.北京：中国农业出版社.

刘海良，等译.1998.养猪生产.北京：中国农业出版社.

刘敏雄.1984.家畜行为学.北京：农业出版社.

路兴中，郭传甲，等.1994.现代猪肉生产理论与实践.北京：中国农业科学技术出版社.

罗安.1997.养猪全书.成都：四川科学技术出版社.

欧阳五.2012.动物生理学.2版.北京：科学出版社.

彭中镇.1994.猪的遗传改良.北京：中国农业出版社.

全国猪遗传育种科研协作组肉质研究专题组.1984，1988，1990.猪肉质品质研究资料编.

宋育编.1995.猪的营养.北京：中国农业出版社.

孙世铎.2005.育肥猪饲养技术.呼和浩特：内蒙古科学技术出版社.

王爱国.1990.现代实用养猪技术.北京：中国农业出版社.

王洪谟.1995.农业经济学.北京：中国农业出版社.

熊远著.1999.种猪测定原理及方法.北京：中国农业出版社.

徐士清.2000.瘦肉型猪高效饲养手册.上海：上海科学技术出版社.

徐有生.2008.科学养猪与猪病防制原色图谱.北京：中国农业出版社.

许振英 . 1980. 家畜饲养学 . 北京：农业出版社 .

许振英 . 1989. 中国地方猪种种质特性 . 杭州：浙江科学技术出版社 .

杨公社 . 2002. 猪生产学 . 北京：中国农业出版社 .

杨公社 . 2004. 绿色养猪新技术 . 北京：中国农业出版社 .

张永泰 . 1994. 高效养猪大全 . 北京：中国农业出版社 .

张振兴，姜平 . 2009. 兽医消毒学 . 北京：中国农业出版社 .

张仲葛 . 1986. 中国猪品种志 . 上海：上海科学技术出版社 .

赵德明 . 2012. 兽医病理学 . 3 版 . 北京：中国农业大学出版社 .

赵书广 . 2000. 中国养猪大成 . 北京：中国农业出版社 .

赵续明，等译 . 2000. 猪病学 . 北京：中国农业大学出版社 .

钟正泽 . 2011. 高产母猪健康养殖新技术 . 北京：化学工业出版社 .

Ilias Kyriazakis, 等主编；王爱国，主译 . 2014. 实用猪生产学 . 北京：中国农业大学出版社 .

Jeffrey J. Zimmerman, 等主编 . 赵德明，等主译 . 2014. 猪病学 . 10 版 . 北京：中国农业大学出版社 .

Kwang Sou Sohn. 1998. 养猪（1）：17-20.

图书在版编目（CIP）数据

高产母猪饲养技术有问必答/庞卫军主编．—北京：
中国农业出版社，2016.8（2021.1重印）
（养殖致富攻略·一线专家答疑丛书）
ISBN 978-7-109-22072-0

Ⅰ.①高… Ⅱ.①庞… Ⅲ.①母猪－饲养管理－问答
解答 Ⅳ.①S828-44

中国版本图书馆 CIP 数据核字（2016）第 210085 号

中国农业出版社出版
（北京市朝阳区麦子店街 18 号楼）
（邮政编码 100125）
责任编辑　郭永立
────────────
中农印务有限公司印刷　　新华书店北京发行所发行
2017 年 1 月第 1 版　　2021 年 1 月北京第 9 次印刷
────────────
开本：850mm×1168mm　1/32　印张：5.75
字数：158 千字
定价：16.00 元
（凡本版图书出现印刷、装订错误，请向出版社发行部调换）

A239